清华

开发者书库

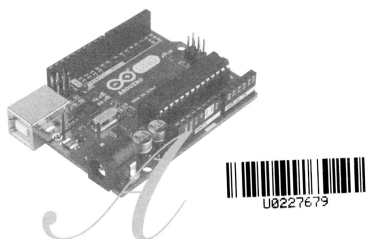

Advanced Development of Arduino

Arduino单片机
高级开发

（微课视频版）

王洪源 陈慕羿 任世卿 付垚◎著

清华大学出版社

北京

内 容 简 介

本书将简洁的 Arduino 开源平台和复杂的 AVR 单片机教学有机结合,通过学习 Arduino 对单片机快速入门,又通过对单片机寄存器的操作学习高级开发,使读者能够尽快达到高水平应用开发能力。避免了以 MCS-51 为平台讲解单片机距离开发目标太远,而以 AVR 为蓝本讲解单片机太繁杂的矛盾。

本书内容由浅入深、循序渐进,可作为学习单片机技术的基础教材,也可作为高性能单片机产品的高级开发指导,还是一本实用的速查手册。

图书在版编目(CIP)数据

Arduino 单片机高级开发:微课视频版/王洪源等著. —北京:清华大学出版社,2022.7(2024.7重印)
(清华开发者书库)
ISBN 978-7-302-60280-4

Ⅰ.①A… Ⅱ.①王… Ⅲ.①单片微型计算机—程序设计 Ⅳ.①TP368.1

中国版本图书馆 CIP 数据核字(2022)第 038382 号

责任编辑:曾 珊 李 晔
封面设计:李召霞
责任校对:李建庄
责任印制:曹婉颖

出版发行:清华大学出版社
　　　　网　　　址:https://www.tup.com.cn, https://www.wqxuetang.com
　　　　地　　　址:北京清华大学学研大厦 A 座　　邮　　编:100084
　　　　社 总 机:010-83470000　　　　　　　　邮　　购:010-62786544
　　　　投稿与读者服务:010-62776969,c-service@tup.tsinghua.edu.cn
　　　　质量反馈:010-62772015,zhiliang@tup.tsinghua.edu.cn
　　　　课件下载:https://www.tup.com.cn,010-83470236
印 装 者:天津鑫丰华印务有限公司
经　　销:全国新华书店
开　　本:186mm×240mm　　印　　张:15.5　　　　字　　数:351 千字
版　　次:2022 年 8 月第 1 版　　　　　　　　　印　　次:2024 年 7 月第 3 次印刷
印　　数:2001~2300
定　　价:59.00 元

产品编号:090777-01

前 言
PREFACE

Arduino 是一个基于 AVR 单片机的开放源码的软硬件开发平台,板上的单片机可以通过 Arduino 的编程语言来编写程序,编译成二进制文件,下载进 AVR 单片机微控制器,实现快速的电子原型开发。

在国外的创新团队中,Arduino 应用极广,一些创新团队组成的公司做应用模型往往都选择 Arduino。越来越多的软件开发者通过 Arduino 进入硬件、物联网等开发领域。在大学里,自动化、通信、机械、材料、化工,甚至艺术专业,也纷纷开设了 Arduino 相关课程。

国内关于单片机的教材,一般都选用 MCS-51 为主要内容,在极其有限的学时内讲授单片机的发展史、8051 芯片的基本硬件结构、指令系统、简单的 I/O 扩展、汇编语言、C51 简介等,全部内容讲授下来需要大约 50 学时。经典的"8051"+"汇编语言"+"接口芯片"因其技术过时,在实际中很少得到应用。现今应用的主流单片机是 AVR、ARM、STM32 等系列,由于它们的技术复杂性,如果作为教材又太拘泥于细节,学生难以在 100 学时内掌握。

国内出版了大量的 Arduino 参考书,但都侧重于产品应用设计。从教材的角度看,缺少对于单片机内部硬件结构、寄存器等的介绍,这样对单片机内部结构、底层操作机理的了解过于肤浅,无法挖掘单片机的硬件资源潜力来提高产品的性能。

本书将 Arduino 与经典单片机教学内容结合起来,不但讲授 Arduino 语言、开发参考,而且对高级单片机开发需要掌握的单片机内部结构、寄存器操作做了较深入的介绍,使读者既能快速进行应用产品开发,又能深入挖掘 AVR ATmega328P 单片机的潜力进行高级开发,特别适合高校师生进行教学和应用产品设计参考。

本书与传统 51 单片机教程相比,具有如下几方面的优势:

通过学习 Arduino 单片机,可以在学习电子技术基础、C 语言后,就可用 Arduino 单片机编写程序。特别适用于将单片机课程前移到大学第二、三学期,以便学生能够尽早参加各类电子设计竞赛。

Arduino 软硬件完全开放,技术上不做任何保留。复杂的任务可以利用大量的封装库来完成,例如写入 SD 记忆卡、解析 GPS 报文、液晶显示等。在此基础上进行简单的修改,即可编写出比较复杂的程序,完成功能多样化的作品,特别适合学生进行创新创业训练。在高起点上进行编程、设计,涉及知识的深度和广度是学习 MCS-51 单片机所远远不及的。

相对其他开发板,Arduino 及周边产品相对质优价廉,学习或创作成本低。重要的一点是:烧录代码不需要烧录器,直接用 USB 线就可以完成下载。

为了方便读者学习,本书提供了视频教学课件和实验教学视频教程。本书提供的所有示例程序都已调试通过。另外,还提供了大量的资源文件(包括开源电路图、数据手册、库文件等),这些文件可在清华大学出版社官网本书页面下载。

本书由沈阳理工大学王洪源教授、陈慕羿副教授、任世卿副教授、付垚高级实验师担任编写工作,靳晓蕾、何婉昀、朱润驰、袁帅克、王骥、肖怀玉、夏靖坤、马尔卓等硕士研究生参与了部分内容的编写、程序调试等工作。

本书得到辽宁省教育厅科学研究项目(LG201932)支持,书中的部分程序示例来源于互联网,许多作者只是提供了网络昵称,故无法署名,在此一并表示感谢。

编　者

2022 年 4 月

学 习 建 议

本书通过简洁的 Arduino 讲授单片机基本原理,又以高级开发需求为导向,指导读者由浅入深地学习复杂单片机的内部结构、寄存器操作,使读者在每个学习阶段都能够设计出优秀的作品,特别适合不同专业的大学生以边学边做的方式进行教学和参加各种作品竞赛。

本课程的授课对象为理工科各专业的大学生、学习过 MCS-51 的学生、参加科技竞赛的高中生,甚至艺术类专业的学生,根据学生基础、专业要求、教学目标以及允许课时总量的不同,推荐以下几种不同的教学方案。

方案 A

总计 24 学时,主要针对艺术类、经管类等非理工科类学生,甚至高中生及业余爱好者。Arduino 简单易学,可以从零上手,将自己的灵感用最快的速度转化成各种作品,使设计电子产品不再是专业领域电子工程师的专利。

方案 B

总计 32 学时,主要针对机械类、化工类、材料类、装备类等非信息类专业学生。

方案 C

总计 56 学时,主要针对自动化类、电子信息类、计算机类等对单片机有较高要求的专业。除了要求通过学习 Arduino 熟练掌握单片机的基本知识与基本技能外,还以高性能需求为导向,对硬件进行更深层次的探索,进行高级开发。

方案 D

主要针对以前课堂上学习过 MCS-51 单片机的读者,这些读者以自学为主,推荐学时为24 学时。通过本方案,指导这部分读者快速学习、掌握 AVR 单片机高级开发的能力。

各方案的推荐学时安排如下表所示。

			学时			
	章 节 内 容		方　案			
			A	B	C	D
基础篇: 单片机基础与 Arduino 作品快速开发	第 1 章　单片机基础	1.1　单片机基础技术知识	1	1	1	
		1.2　单片机有哪些应用		0.5	0.5	
		1.3　单片机主要知名厂商及产品				
		1.4　AVR 单片机产品系列及开发方法			0.5	
	第 2 章　Arduino 开源平台	2.1　Arduino 的产生				
		2.2　Arduino UNO 开发板	0.5	0.5	0.5	
		2.3　加载运行第一个 Arduino 程序	1	1	1	0.5
	第 3 章　简洁的 Arduino 语言	3.1　语言概览	1	1	1	
		3.2　Arduino 语言基础	2	2	3	1
		3.3　程序结构	1	1	1	1
		3.4　函数的使用		1	1	

续表

章节内容			方案			
			A	B	C	D
基础篇：单片机基础与Arduino作品快速开发	第4章 数字输入/输出	4.1 Arduino的数字输入/输出口	0.5	0.5	0.5	
		4.2 简单数字输入/输出实验	2	2	2	1
		4.3 复杂的数字I/O实验	4	4	3	2
	第5章 Arduino便捷的模拟/数字转换	5.1 Arduino UNO板上的A/D转换	0.5	0.5	0.5	
		5.2 A/D转换基本实验	1.5	2	2	2
	第6章 Arduino的时间函数和PWM	6.1 Arduino中的时间函数	2.5	3	3	2
		6.2 独立于CPU Core的音调产生与脉冲宽度测量	1	1	1	
		6.3 用PWM实现数字/模拟转换	2	2	2	1
	第7章 中断	7.1 中断系统基本概念		1	1	0.5
		7.2 中断与轮询的对比实验		2	2	1
	第8章 Arduino中封装的串行通信	8.1 硬件结构	0.5	0.5	0.5	0.5
		8.2 串口通信实验	1	1	1	1
高级开发篇：Arduino的性能极限与高级开发	第9章 ATmega328数据手册	9.1 ATmega328外部特性			1	0.5
		9.2 ATmega328的内部结构与指令系统			1	0.5
		9.3 操作管理寄存器的配置和编程			1	
		9.4 高级开发用的寄存器				
	第10章 直接操作寄存器实现高速I/O	10.1 ATmega328的I/O口控制寄存器			1	0.5
		10.2 直接操控I/O口寄存器			3	1
	第11章 Arduino高速A/D采样	11.1 ATmega328 A/D的内部结构			1	0.5
		11.2 具有58kHz的高保真音频数字化			2	2
	第12章 改变Arduino的PWM的频率	12.1 AVR的定时器/计数器硬件			1	0.5
		12.2 更改PWM频率			2	1
	第13章 使Arduino具有定时中断	13.1 向Arduino中添加MsTimer2库			0.5	
		13.2 MsTimer2语法与示例			2	1
	第14章 Arduino开源资源及使用	14.1 多样的Arduino开源硬件及开源库	2	1	2	1
		14.2 Arduino自带库的使用实例		2		
	第15章 产品快速开发实例	15.1 电子与通信专业综合实训平台设计		1.5	6	1
		15.2 工业产品快速样品开发			2.5	1
推荐学时			24	32	56	24

自学建议

本书定位为高级开发教程，为读者提供了丰富的从入门尽快进入到高水平开发的视频教程、实验指导书、各章节全部工程文件、高级开发用的技术资料。

实验指导书　　　　　　各种 Arduino 板开源原理图　　TDC-GP22 数据手册 Arduino 库

Atmega328P 数据手册　　书中各章节 Arduino 工程文件　　开源软件 processing-3.5.4
　　　　　　　　　　　（程序清单）　　　　　　　　安装程序

Arduino 基础部分简便易学，书中选用了 13 个边学边练的视频教程（含 3 个自选的实验），以上可以帮助读者快速入门。本书为读者提供了全部 Arduino 工程文件，这个阶段的读者应该已经完全可以下载工程文件，进行调试运行了。在最后 3 章，为读者提供了 Datasheet、第三方库、工业产品设计参考，使读者更加深入地了解使用 Arduino 进行快速工业产品开发的方法。

微课视频清单

视 频 名 称	时长/min	位　置
微课视频 1　按键控制 LED 灯亮灭	35	4.2.1 节
微课视频 2　读取模拟引脚上的模拟值并显示出来	19	5.2.1 节
微课视频 3　读取电位器的阻值控制 LED 的闪烁间隔和亮度	27	6.3.3 节
微课视频 4　多彩广告灯实验	20	4.3.1 节
微课视频 5　数码管循环显示 1～8	17	4.3.2 节
微课视频 6　4 位八段数码管显示"2019"	20	4.3.3 节
微课视频 7　按键实验	8	7.2 节
微课视频 8　串行通信控制 LED	7	8.2 节
微课视频 9　ATmega328 数据手册	6	9.1.1 节
微课视频 10　直接操作寄存器输出 8MHz 速度波形	7	10.2.1 节
微课视频 11　具有 58kHz 采样频率的高保真音频采样	7	11.2 节
微课视频 12　改变 Arduino 的 PWM 的频率	5	12.1.3 节
微课视频 13　使 Arduino 也具有定时中断	7	13.2.2 节

目 录

CONTENTS

基础篇 单片机基础与 Arduino 作品快速开发

高级开发篇　Arduino 的性能极限与高级开发

基 础 篇

单片机基础与Arduino作品快速开发

本篇由第 1～8 章组成，主要内容为：

单片机内部构成、程序如何运行、单片机开发方法、Arduino 的起源和特点、Arduino 语言、快速进行第一个程序开发。

基本 I/O 操作、便捷的 A/D 转换、串口通信、定时、PWM、中断的概念，通过实验直接掌握开发技能。

与使用 MCS-51 单片机进行教学相比，本篇能让学生真正快速掌握知识点和技能。对于机械、化工等非电类专业的读者而言，除基本满足教学要求外，还能完成简单的实际应用开发。

第 1 章　单片机基础

单片机具有极其广泛的应用范围,包括手机、PC 外围、智能仪器仪表、家用电器、医用设备、航空航天、导航系统、家用电器等。

目前国内应用较多,比较有代表性的单片机包括美国 Intel 公司的 MCS 系列、美国 MicroChip 公司的 MIC 和 AVR 系列、美国 TI 公司的 MSP 系列、意法半导体公司的 STM32 系列、英国 ACOM 公司的 ARM 系列等。

本章首先介绍一般单片机的基本结构和组成,使大家对单片机芯片的内部结构有一个基本的了解和认识,这对学习、了解任何一种类型单片机的工作原理,编写单片机的系统软件和设计外围电路都是非常重要的。

常规单片机开发流程较为繁杂,不易上手,而 Arduino 作为一个开源平台,为单片机开发提供了整套解决方案,包括基于 AVR 单片机的开发板、集成开发环境(Integrated Development Environment,IDE),以及简洁的 Arduino 语言。

对于单片机开发中较难掌握的复杂内部寄存器操作,Arduino 对其进行了很好的封装,隐藏了寄存器操作的复杂性,用户无须了解内部寄存器数值即可进行开发。利用 Arduino 语言,可以直接操控相应的硬件资源。

Arduino 易学易用,大大降低了单片机开发的门槛,初学者可以迅速上手,在产品开发流程中,也可以用 Arduino 进行快速原型开发,降低开发成本。

1.1　单片机基础技术知识

单片机全称为单片微型计算机(Single Chip Microcomputer,SCM),是把中央处理器、存储器、定时/计数器、输入/输出装置等集成在一块集成电路芯片上的微型计算机。国际上习惯称之为"微控制单元"(Microcontroller Unit,MCU)或"微控制器",我国一般称为"单片机"。

与微型计算机相比,单片机内部有和计算机功能类似的模块,例如中央处理器、内存、内部总线和存储等。

单片机的中央处理器的运算能力一般不如微机,但它的专用性更强,适合控制独立工作的电器或设备,对环境(如温度、湿度)的适应性也比微机好,除此之外,利用单片机组成应用系统时,电路更简单,价格也很低,而且,随着时间的推移,成本也不断下降——最便宜的8位微控制器在2018年的售价低于0.03美元,而一些32位微控制器的价格也在1美元左右。

1.1.1　从计算机到单片机

1. 一般计算机的内部组成

自1946年美国宾夕法尼亚大学研制成功世界第一台通用电子计算机ENIAC以来,计算机的发展经历了从电子管、晶体管、集成电路到大规模集成电路几个阶段。几十年来,计算机硬件系统的基本功能部件没有大的改变。

计算机的经典结构即冯·诺依曼计算机体系结构,是由运算器、控制器、存储器和输入设备、输出设备组成的,如图1-1所示。

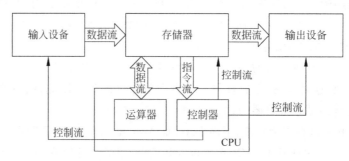

图1-1　通用计算机组成结构

（1）运算器：完成算术运算、逻辑运算。

（2）控制器：根据指令的功能给出实现指令功能所需要的控制信号,一般将"运算器"和"控制器"集成到一块集成电路中,构成中央处理器(Central Processing Unit,CPU)。

（3）存储器：存放程序以及运算数据。例如内存、硬盘等。

（4）输入设备：将输入信息转换为机器能够识别的形式。例如鼠标、键盘等。

（5）输出设备：输出运算结果、屏幕显示、控制信号输出。例如显示器、打印机等。

2. 微型计算机组成

我们所熟悉的微型计算机主要是由中央处理器、存储器(内存、硬盘)、输入设备、输出设备等构成,如图1-2和图1-3所示。

3. 单片机的产生与发展

单片机是由芯片内仅有CPU的专用处理器发展而来的。其最早的设计理念是：通过将大量外围设备和CPU集成在一个芯片中,使计算机系统更小,更容易集成进复杂、对体积要求严格的控制设备中。

最早的单片机是由美国TI公司的加里·布恩和迈克尔·科克伦在1971年设计出来的,它将处理器、只读存储器、读/写存储器和时钟组合在一个芯片上,命名为TMS1000。

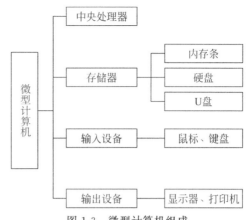

图 1-2　典型的微型计算机　　　　图 1-3　微型计算机组成

Intel(英特尔)公司在 1977 年发布了商业化的 Intel 8048,它将 RAM 和 ROM 也集成在同一芯片上。直到现在,几乎在每一个 PC 键盘上都采用这一芯片。

Intel 公司最著名的单片机就是 8051,并在 8051 的基础上发展出了 MCS-51 系列,MCS-51 单片机系统得到了广泛的使用。目前许多单片机教材还都是以 8051 为蓝本讲授,由于学习人数众多,基于这一系统的单片机系统直到现在还在广泛使用。

20 世纪 90 年代至今,单片机的发展又进入了一个新的阶段,向着高性能和多品种方向发展,今后的趋势将是进一步朝着低功耗、小体积、大容量、高性能、低价格等几方面发展。

随着电子科技的发展和工业控制领域要求的提高,出现了 16 位单片机,但开始时因为性价比不理想,16 位单片机并未得到广泛应用。直到 Intel i960 系列,特别是后来的 ARM 系列的广泛应用,32 位单片机迅速取代 16 位单片机的地位,并且进入主流市场。而高端的 32 位片上系统(System on Chip,SoC)单片机主频已经超过 300MHz,其性能直追 20 世纪 90 年代中期的微型计算机上的专用中央处理器(CPU),而且出厂价格逐渐降低,性价比越来越高。

2018 年 6 月 21 日,密歇根大学宣布推出“世界上最小的计算机”,这种单片机只有 0.3mm 长,功耗 16nW。因为太小,无法使用传统的无线电,而使用可见光来接收和传输数据。基站为电源和编程提供光源,并接收数据。虽然体积小,但是它能实现拍照、读取温度并记录压力读数等功能。研究人员希望能将这一微型计算机应用到医疗甚至是工业领域。由于体积小,所以它能够被注射到体内,对人体进行心电图检查,并读取人体的血压和体温。

在单片机发展的同时,微机中的专用处理器 CPU(如 286、386、486、586、i3、i5、i7 等)的发展与之分道扬镳,转而致力于加强多线程运算处理速度,如 Core i7-2600 为四核心八线程 CPU,主频达到 3.4GHz。

1.1.2　单片机内部组成结构

作为一个非常微型的计算机,单片机几乎将计算机的所有基本部分都集成在一片硅片上,包括一个计算机系统的最基本的单元:CPU 核、程序存储器、数据存储器等,大部分单片机还集成了中断系统、定时器/计数器、各种类型的输入/输出接口等。现在,一些强大的单片机系统甚至将声音、图像、网络等电路也集成在一块芯片上。

单片机的主要构成如图1-4所示。

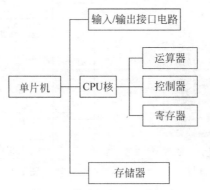

图1-4 单片机主要组成部分

单片机通过内部总线把CPU核、程序计数器、寄存器和控制部分互相连接起来,并通过外部总线与外部的存储器、输入/输出接口电路连接,通过输入/输出接口电路实现与各种外围设备连接。

实际的单片机系统内部很复杂,图1-5为AVR单片机的内部结构。

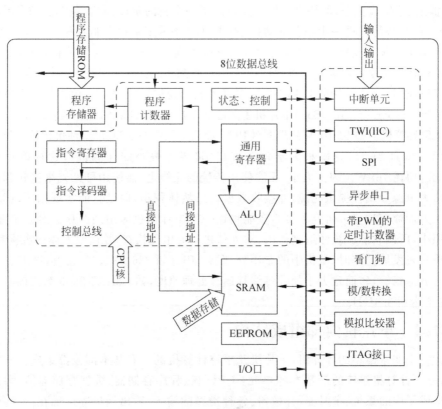

图1-5 AVR单片机的内部结构

1. CPU 核（CPU Core）

单片机中的 CPU 核相当于微机中的 CPU。从功能逻辑上,一般可分为运算器和控制器两部分。

运算器（Arithmetic & Logical Unit,ALU）：执行各种算术运算、逻辑运算,并进行逻辑测试,如零值测试或两个值的比较。运算器执行的全部操作都是由控制器发出的控制信号指挥的,一个算术操作产生一个运算结果,一个逻辑操作产生一个判决。

控制器：由程序计数器、指令寄存器、指令译码器、时序发生器和操作控制器等组成,是发布命令的“决策机构”。其主要功能是从内存中取出一条指令,并指出下一条指令在内存中的位置;对指令进行译码和测试,并产生相应的操作控制信号,以便于执行规定的动作;指挥并控制 CPU、内存和输入/输出设备之间数据流动的方向。

CPU 时钟频率：类似于计算机的主频。在低功耗情况下,可以在低至 4kHz 的频率下工作,其功耗可以低至毫瓦甚至微瓦,这使得它们适合长期使用的电池应用。另外有些应用需要高速单片机,例如,在进行数字信号处理时,其主频达到 300MHz。

字长：一次处理的二进制数据位数。最常见的是 8 位,还有 16 位、32 位。低功耗应用时可采用 4 位。

2. 程序存储器

程序存储器用于存放应用程序代码,相当于微机中的硬盘。

程序存储器有生产商掩膜型只读存储器（Mask Read-Only Memory,MaskROM）、紫外光可擦可编程只读存储器（Erasable Programmable Read Only Memory,EPROM）、一次可编程型只读存储器（One Time Programmable,OTP）、可多次擦除写入的快闪存储器（Flash Memory）。目前大多数单片机为快闪存储器结构,简称 FlashROM 型。

（1）MaskROM 型。

用户要将调试好的应用程序代码交给单片机的生产厂家,生产商在单片机芯片制造过程的掩膜工艺阶段将程序代码掩膜到程序存储器中,这种单片机便成为永久性的专用芯片,系统程序无法改动,适合于大批量（万片级）产品的生产,例如,PC 键盘中的 Intel 8048、滚筒洗衣机的控制器等,一旦写入就不需要再变更计算机程序。优点是价格最低,缺点是开发时不能采用这种方式。

（2）EPROM 型。

在程序存储器的 IC 盖子上有一个透明的石英窗,可通过约 15 分钟的紫外线照射来擦除存储器中的程序,再使用专用的写入装置写入程序代码和数据。在开发时修改一次程序需要等待 15 分钟擦除程序,程序调试成功后再转交集成电路生产厂进行 MaskROM 写入程序。由于它需要带石英窗＋陶瓷封装,EPROM 型单片机价格昂贵（如 Intel 87C51 的价格超过 RMB100 元）。

（3）OTPROM 型。

这种类型的单片机与 MaskROM 型的单片机有相似的特点,芯片中的程序存储器可由开发者使用专用的写入装置一次性编程写入程序代码,写入后无法改动。在 FlashROM 型单片机出现之前,一般都采取 OTPROM 型。这种类型的单片机适用于中批量产品的生产。

(4) FlashROM 型。

它的程序存储器采用 Flash 型存储器,可多次电擦除和写入,目前可实现大于 1 万次的写入操作,每次擦除写入时间小于 10s。随着 Flash 型存储器价格的下降,使用 FlashROM 的单片机正在逐步淘汰使用其他类型程序存储器的单片机。后面用到的 AVR 系列单片机就是国际上首次采用 Flash 存储器技术的单片机。

新型的单片机采用了在线系统编程技术(In System Program,ISP),更新程序时无须将芯片从系统板上取下,可以直接在线将新的程序代码写入单片机的程序存储器中,这不仅为用户进行嵌入式系统设计、开发和调试带来了极大的方便,而且适用于大批量产品的生产。

3. 数据存储器

在单片机中,随机存储器(Random Access Memory,RAM)是用来存储系统程序在运行期间的工作变量(如定义的变量)和临时数据的,相当于微机中的内存。

早期的单片机,如典型的 MCS-51 系列中的 8031 单片机,在片内只集成了少量的数据存储器 RAM(128/256B),没有程序存储器。而现在的单片机则在片内集成了相当数量的程序存储器和数据存储器,例如意法半导体(ST 公司)推出的 STM32H753XIH6 单片机主频达到 400MHz,程序存储器 2048KB、数据存储器 1024KB。

单片机在片内集成的数据存储器一般有两类:随机存储器和电擦除可编程只读存储器(Electrically Erasable Programmable Read Only Memory,EEPROM/E^2PROM)。

(1) 随机存储器(RAM)。

这些小容量的数据存储器以高速静态随机存取存储器(Static Random Access Memory,SRAM)的形式集成在单片机芯片内,作为临时的工作存储器使用,可以提高单片机的运行速度。目前,许多新型单片机片内集成的 RAM 容量越来越大,使得单片嵌入式系统的软件设计思想和方法有了更多改变和发展,给编写系统程序带来了很大的方便,更加有利于结构化、模块化的程序设计。

(2) 电擦除可编程只读存储器(E^2PROM)。

由于随机存储器掉电后内部数据会丢失,在芯片中还集成了 E^2PROM 型的数据存储器。E^2PROM 的寿命大于 10 万次擦除和写入,具有掉电后不丢失数据的特点,可存储一些比较固定的用户数据,如电视机频道设置、洗衣机程序、电话号码等,这些给用户设计开发产品带来了极大的便捷和想象空间。

4. I/O 接口电路

与微机中 CPU 的巨大差别是,单片机为了满足嵌入式系统"面向控制"的实际应用需要,其内部集成了数量众多、功能强大、使用灵活的输入/输出端口,简称 I/O 口,例如:

(1) 并行总线输入/输出端口(Parallel Input/Output,并行 I/O 口):用于外部扩展和扩充并行存储器芯片或并行 I/O 芯片等使用,包括数据总线、地址总线和读写控制信号等。

(2) 定时器/计数器的计数脉冲输入、外部中断源信号的输入等。

(3) 串行通信口:用于系统之间或与采用专用串行协议的外围芯片之间的连接和数据

交换,如通用异步收发机(Universal Asynchronous Receiver/Transmitter,UART)接口、双向串行总线(Inter-Integrated Circuit,I²C)接口、串行外设接口(Serial Peripheral Interface,SPI)、通用串行总线(Universal Serial Bus,USB)接口等。

一些单片机还在片内集成了某些专用功能的模拟或数字的 I/O 端口,如模数(Analog/Digital,A/D)输入、数模输出(Digital/Analog,D/A)接口、模拟比较输入端口、脉宽调制(Pulse-Width Modulation,PWM)输出端口等。甚至有的单片机还将液晶显示器(Liquid Crystal Display,LCD)的接口也集成到芯片中。

为了减少芯片引脚的数量,同时提供更多性能的 I/O 端口给用户使用,大多数单片机都采用了 I/O 端口复用技术。即,某一端口既可作为一般通用的数字 I/O 口使用,也可作为某个特殊功能的端口使用。用户可根据系统的实际需要来定义使用方式。这为设计开发提供了方便,大大拓宽了单片机的应用范围。图 1-6 为 ATmega328 的塑料双列直插式封装(Plastic Dual In-Line Package,PDIP)引脚图,除引脚 7、引脚 8、引脚 20、引脚 21、引脚 22外,其他引脚均为多功能复用引脚。例如,引脚 2、引脚 3 可以通过操控特殊功能寄存器将PD0、PD1 引脚设置为 RXD、TXD。

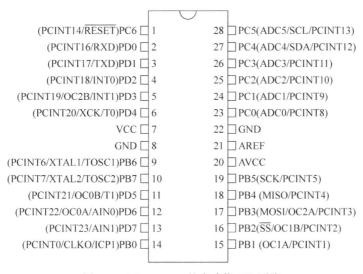

图 1-6　ATmega328 的多功能 I/O 引脚

1.1.3　单片机程序是如何执行的

单片机自动完成赋予它的任务的过程就是单片机执行程序的过程,即一条条执行指令的过程。

单片机的运行需要执行写好的程序,但是单片机的指令数据都被写在了哪里? 在哪里读取指令? 单片机执行程序时,内部的数据流程是怎样的? 与微机中执行程序有何区别?下面给出具体的介绍。

1. 裸机环境下汇编程序的执行过程

所谓裸机环境,是指在单片机软件中不含操作系统的环境。如果程序存储器和数据存储器容量较小,那么一般使用裸机环境。

单片机开发以 C 语言为主,有时甚至会用到汇编语言。可是,我们知道,汇编语言是除了二进制机器码以外最低级的语言了,既然这么低级,为什么还要用它呢?很多高级的语言已经达到了可视化编程的水平,为什么不用呢?

原因很简单,主要是因为单片机对成本很敏感,它没有微机那样的 CPU,也没有那样的大存储设备。如果采用高级语言,即使仅仅编写一个可视化按钮,也会达到几十 KB 的尺寸,而这对于单片机来说是不能接受的。

编写好的单片机程序存放在存储器(如 FlashROM、OTPROM)中,存储器由许多存储单元组成,每个存储单元都被分配了唯一一个存储单元地址,知道了存储单元的地址,其中存储的指令就可以被取出,然后再被执行。

图 1-7　指令的执行流程

开机复位后,即开始执行指令,程序计数器(Program Counter,PC)变为 0000H,然后单片机在时序电路作用下,自动进入执行程序过程。执行过程实际上就是取出指令(取出存储器中事先存放的指令阶段)和执行指令(分析和执行指令)的循环过程。程序执行流程如图 1-7 所示。

程序通常是顺序执行的,所以程序中的指令也是逐条顺序存放的,单片机在执行程序时要能把这些指令逐条取出并加以执行,就必须有一个部件能追踪指令所在的地址,这一部件就是程序计数器(PC),它包含在 CPU 中。

在开始执行程序时,给 PC 赋予程序中第一条指令所在的地址,然后每取得一条要执行的指令,PC 中的内容就会自动增加,增加量由本条指令长度决定,可能是 1、2 或 3,这就保证了 PC 始终指向下一条指令的起始地址,保证指令顺序执行。

(1) 取指令:CPU 的控制器从内部程序存储器 FlashROM 中读取一条指令并放入指令寄存器。

(2) 指令译码:指令寄存器中的指令经过译码,决定应进行何种操作。

(3) 执行指令:修改指令计数器,决定下一条指令的地址。

(4) 修改指令计数器:得到下一条指令的地址。

计算机执行程序的过程实际上就是逐条指令地重复上述操作过程,直至遇到停止指令或可循环等待指令。

2. 单片机中 C 语言程序的执行

利用 C 语言开发单片机程序时,在代码编译阶段,编译器会自动将程序的代码段、data 段、bss 段、rodata 段等都存放在 FlashROM 中。

单片机上电后,初始化汇编代码将 data 段、bss 段复制到 RAM 中,并建立好堆栈,开始调用程序的 main()函数。运行时从 FlashROM(即指令存储器,代码存储器)中读取指令,在 RAM 中读取与写入数据。

单片机 C 程序都有一个包含主函数的文件,包含主函数的文件都有一个统一的结构,如程序 1-1 所示。

```
1    /************************************************
2    * 程序 1－1:单片机中 C 语言程序的执行
3    ************************************************/
4    # include "xxx. h"
5    int main()                      //主函数,程序入口
6    {
7        //设置变量,初始化变量
8        …
9        //此程序段执行一次
10       …
11       while(1)                    //在 while 中无限循环
12       {
13           //若干条语句
14           …
15       }
16   }
```

单片机一上电,从主函数 main()的第一条语句开始,一条语句接着一条语句、自上而下地执行,直到进入 while 后,再从 while 的第一条语句执行到最后一条语句,由于这里采用了无限循环,因此会再次从 while 的第一条语句执行到最后一条语句,如此反复执行,直到断电。

3. 包含操作系统的环境下单片机程序的执行

随着单片机程序存储器和数据存储器容量的增加,当代单片机系统已经不再只在裸机环境(无操作系统)下开发和使用,大量专用的嵌入式操作系统被广泛应用在全系列的单片机上。用于手机和掌上电脑的高端单片机甚至可以直接使用专用的 Windows、Android 和 Linux 操作系统,这时可以将操作系统看作在单片机上奔跑的一个大裸机程序。

包含操作系统的单片机程序启动与微型计算机启动的流程较为相似,不同之处在于是否读取基本输入/输出系统(Basic Input Output System,BIOS)。微型计算机在上电时,先读取主板上的 BIOS,由它完成很多初始化操作,之后调用系统的初始化函数,将控制权交给操作系统,于是我们会看到 Windows、Linux 系统启动了。与微型计算机相比,包含操作系统环境的单片机运行时只是没有其中的读取 BOIS 步骤,其他相同。

1.2 单片机有哪些应用

单片机最早被用在工业控制领域,现在在其他领域也得到了越来越多的应用,如智能仪表、实时工业控制、通信设备、医用设备、航空航天、导航系统、家用电器等。

　　例如,通常所谓"微电脑控制"家电的核心就是单片机,或产品名称前冠以"智能型"称号的,如智能型洗衣机等,都用到了单片机。

　　下面列举一些单片机应用的实例来增加大家的感性认识。

1.2.1　单片机应用实例

　　现在手机、电话、计算器、家用电器、电子玩具、掌上电脑以及鼠标等计算机配件中都配有1或2部单片机,汽车上一般配备40多部单片机,复杂的工业控制系统中甚至可能有数百台单片机在同时工作。

　　(1)数显角度尺。

　　单片机具有体积小、功耗低、控制功能强、扩展灵活、微型化和使用方便等优点,广泛应用于仪器仪表中,结合不同类型的传感器,可实现诸如电压、功率、频率、湿度、温度、流量、速度、厚度、角度、长度、硬度、元素、压力等物理量的测量。采用单片机进行控制,使得仪器仪表实现了数字化、智能化、微型化,且功能比起采用电子或数字电路更加强大。

　　例如,普通角度尺应用单片机升级后,会大大增加性价比。图1-8为数显角度尺。

　　(2)智能洗衣机。

　　现在的家用电器广泛采用了单片机控制,从电饭煲、洗衣机、电冰箱、空调机、彩电到其他音响视频器材,再到电子称量设备和白色家电等。图1-9为"美的"品牌的10千克全自动变频滚筒家用智能WiFi洗衣机,商品广告中显示了它的各种先进功能。

图1-8　数显角度尺

图1-9　智能洗衣机

　　(3)ICU用综合监控仪。

　　单片机在医用设备中的用途亦相当广泛,例如,医用呼吸机、分析仪、监护仪、超声诊断设备及病床呼叫系统等。图1-10是一台可以同时测量心电图、呼吸率、血压、血氧浓度等的ICU用综合监控仪。

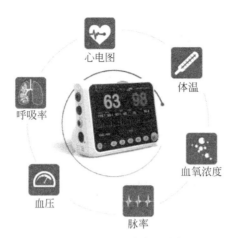

图 1-10　ICU 用综合监控仪

1.2.2　参加大学生科技竞赛

"LED 点阵书写显示屏"是 2009 年全国大学生电子设计竞赛中的"第 H 题目",设计并制作一个基于 32×32 点阵发光二极管(Light Emitting Diode,LED)模块的书写显示屏,其系统结构如图 1-11 所示。

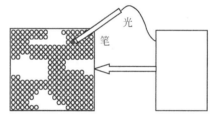

其设计要求是,在控制器的管理下,LED 点阵模块显示屏工作在人眼不易觉察的扫描微亮和人眼可见的显示点亮模式下;当光笔触及 LED 点阵模块表面时,先由光笔检测触及位置处的 LED 点的扫描亮点以获取其行列坐标,再依据功能需求决定该坐标处的 LED 是否点亮至人眼可见的显示状态(如图 1-11 中光笔接触处的深色 LED 点已被点亮),从而在屏

图 1-11　LED 点阵书写显示屏系统
结构示意图

上实现"点亮、划亮、反显、整屏擦除、笔画擦除、连写多字、对象拖移"等书写显示功能。

【点亮】当光笔接触屏上某点 LED 时,能即时点亮该点 LED,并在控制器上同步显示该点 LED 的行列坐标值。

【划亮】当光笔在屏上快速划过时,能同步点亮划过的各点 LED,其速度要求 2s 内能划过并点亮 40 点 LED。

【反显】能对屏上显示的信息实现反相显示(即字体笔画处不亮,无笔画处高亮)。

【整屏擦除】能实现对屏上所显示信息的整屏擦除。

【笔画擦除】能用光笔擦除屏上所显示汉字的笔画。

【连写多字】能结合自选的擦除方式,在 30s 内在屏上以"划亮"方式逐个写出 4 个汉字(总笔画数不大于 30)且存入机内,写完后再将所存的 4 个字在屏上逐个轮流显示。

【对象拖移】能用光笔将选定显示内容在屏上进行拖移。

针对以上功能要求,如果仅是采用"数字电子技术"课程中学习的 74 系列 TTL、

CD4000 系列互补金属氧化物半导体(Complementary Metal Oxide Semiconductor,CMOS)这些纯数字逻辑硬件来设计,则需要花费很大力气才能做到,甚至有些要求是难以达到的,而且电路一定是一块很大的印制电路板(Printed Circuit Board,PCB)。

单片机是靠软硬件协同工作的,可以通过不同的程序实现不同的功能,因此,对于这类问题,最好的解决方案是采用单片机。

1.3 单片机主要知名厂商及产品

单片机的发展相当迅速,市场上已经有成千上万种不同品牌、型号各异的单片机,产品可谓是铺天盖地,种类繁多。在选择单片机时,可以在完全实现功能的前提下追求低价位。但实际上,选择单片机也与开发者的应用习惯和开发经验密不可分。

下面分别列举出目前市场常用的单片机和全国大学生电子设计大赛参赛指定的单片机。

1.3.1 Intel(英特尔)公司的 MCS-51 系列单片机

一般所说的 51 单片机就是指 MCS-51 系列中的 Intel 8051 或其他公司出品的与 MCS-51 兼容的单片机。MCS-51 的兼容产品众多,例如,由美国 Atmel 公司(现为 MicroChip 公司)开发生产的 AT89 系列,其内核兼容 MCS-51 单片机。另外,NXP 半导体、英飞凌和许多其他公司也生产了多种与 MCS-51 兼容的单片机。

MCS-51 系列历史悠久,国内在 20 世纪 80 年代末就开始利用相关产品进行学习、开发,目前多数高校的单片机教材的内容还是以介绍 MCS-51 为主。

MCS-51 单片机有以下特点:

(1) 历史悠久,使用广泛,拥有极其大量的学习人群以及应用范例、技术资料可供参考。

(2) 其内部的硬件有一个完整的按位操作的位处理器,处理对象不是字或字节,而是位。指令系统不但能对片内某些特殊功能寄存器的某位进行处理,如传送、置位、清零、测试等,还能进行位的逻辑运算,功能十分完备,使用方便。

(3) 具有乘法和除法指令,这给编程带来了方便。其他很多 8 位单片机都不具备乘法功能,进行乘法运算时还要编写一段子程序调用,十分不便。

(4) A/D、E^2PROM 等功能需要靠扩展,增加了硬件和软件负担。

(5) 虽然 I/O 使用简单,但高电平时无输出能力,这也是 51 系列单片机的最大软肋。保护能力很差,很容易烧坏芯片。

(6) 运行速度过慢,特别是双数据指针,如能改进,将会给编程带来很大的便利。

1.3.2 MicroChip(微芯)公司的 PIC 系列单片机

PIC 系列单片机是 MicroChip 公司的产品,其突出的特点是体积小,功耗低,采用精简指令集计算机(Reduced Instruction Set Computer,RISC)结构,抗干扰性好,可靠性高,有较强的模拟接口,代码保密性好,大部分芯片有其兼容的 FlashROM 程序存储器芯片。

PIC 最大的特点是不搞单纯的功能堆积,而是从实际出发,重视产品的性能与价格比,靠发展多种型号的产品来满足不同层次的应用要求。PIC 系列从低到高有几十个型号,可以满足各种需要。

不同的应用对单片机功能和资源的需求也是不同的,比如,一个汽车遥控钥匙需要一个 I/O 较少、RAM 及程序存储空间不大、可靠性较高的小型单片机,若采用 40 脚且功能强大的单片机,投资大不说,使用起来也不方便。而 PIC12C508 单片机仅有 8 个引脚,是世界上引脚最少的单片机。该型号有 512B ROM、25B RAM、一个 8 位定时器、一根输入线、5 根 I/O 线。这样一款单片机,对于汽车钥匙这样的应用场合无疑是非常适合的。

PIC 单片机的特点如下:

(1) 精简指令集使其执行效率大为提高。PIC 系列 8 位 CMOS 单片机具有独特的 RISC 结构,数据总线和指令总线分离的哈佛总线(Harvard)结构(见 1.4.1 节),使指令具有单字长的特性,且允许指令码的位数可多于 8 位的数据位数,这与传统的采用复杂指令集计算机(Complex Instruction Set Computer,CISC)结构的 8 位单片机相比,可以达到 2∶1 的代码压缩,速度提高 4 倍。

(2) 产品上市零等待(Zero Time to Market)。在 FlashROM 尚未得到广泛采用时,采用 PIC 的低价 OTP 型芯片,可使产品在应用程序开发完成后立刻上市。

(3) PIC 有优越的开发环境。OTP 单片机开发系统的实时性是一个重要的指标。普通 51 单片机的开发系统大都采用高档型号仿真低档型号,其实时性不够理想。而 PIC 在推出一款新型号的同时,都会推出相应的仿真芯片,所有的开发系统均由专用的仿真芯片支持,实时性非常好。

(4) 引脚具有防瞬态能力,通过限流电阻可以接至 220V 交流电源,可直接与继电器控制电路相连,无须光电耦合器隔离,给应用带来了极大方便。

(5) 彻底的保密性。PIC 以保密熔丝来保护代码,用户在烧入代码后熔断熔丝,别人再也无法读出,除非恢复熔丝。目前,PIC 采用熔丝深埋工艺,恢复熔丝的可能性极小。

(6) 睡眠和低功耗模式。虽然 PIC 在这方面已不能与新型的 TI-MSP430 相比,但在大多数应用场合还是能满足需要的。

目前 PIC 单片机的产品系列如下:

- PIC10、PIC12、PIC16、PIC18 系列 8 位单片机;
- PIC24F、PIC24H、dsPIC30F、dsPIC33F 系列 16 位单片机;
- PIC32 系列采用 MIPS M4K 核心架构的 32 位单片机。

1.3.3 Atmel 公司的 AVR 系列单片机

1997 年,由 Atmel 公司挪威设计中心的 A 先生与 V 先生共同研发出 RISC 高速 8 位单片机,简称为 AVR 单片机。它采用精简指令集计算机(RISC)及哈佛(Harvard)结构,可快速对寄存器组进行存取操作,消除了如 8051MCU 采用单一累加器(Accumulator,ACC)进行处理造成的瓶颈现象。单周期指令系统大大优化了目标代码的大小和执行效率,AVR 的一条指令执行速度可达 50ns(20MHz 晶振情况下)。

由于 AVR 单片机是在 MicroChip 公司的 PIC 系列单片机及 Intel 公司 MCS-51 系列单片机的基础上研发成功的,因而它吸取了上述二者的优点,同时在内部结构上还做了一些重大改进,使得 AVR 的性价比远高于 MCS-51,其主要特点如下:

(1) AVR 采用哈佛结构,以及一级流水线的预取指令功能,即对程序的读取和数据的操作使用不同的数据总线,因此,当执行某一指令时,下一指令被预先从程序存储器中取出,这使得指令可以在每一个时钟周期内被执行。

(2) 作输出时,与 PIC 单片机驱动能力相同,具备 10～20mA 灌电流的能力,可以直接驱动蜂鸣器、继电器等;作输入时,可设置为三态高阻抗输入或带上拉电阻输入。

(3) AVR 片上资源丰富:包括 E^2PROM、PWM、实时时钟(Real-Time Clock,RTC)、SPI、UART、双线串行接口(Two-Wire Serial Interface,TWSI)、ISP、A/D、模拟比较器、看门狗定时器(Watch Dog Timer,WDT)等。

(4) 片内集成多种频率的 RC 振荡器、上电自动复位、看门狗、启动延时等功能,外围电路更加简单,系统更加稳定可靠。

(5) 大部分 AVR 除了有 ISP 功能外,还有应用编程(In Application Programming,IAP)功能,便于升级或销毁应用程序。

(6) 低功耗,宽电压:1.8～5.5V,最低全速运行消耗电流＜300μA。

(7) 程序存储器为价格低廉的 Flash 存储器,可擦写 1 万次以上。指令长度单元为 16 位,即程序存储器宽度为 16 位,而数据存储器为 8 位。因此 AVR 还是属于 8 位单片机。

目前 AVR 的产品系列详见 1.4.2 节,现简单列举如下:
- AT90 系列——AVR 的 RISC 8 位单片机;
- ATmega 系列——AVR 的高性能 RISC 8 位单片机;
- ATXmega 系列——AVR 的高性能 RISC 32 位单片;
- Atmel AT89 系列——Intel 8051/MCS-51 架构 8 位单片机。

MicroChip 公司现在已将 Atmel 公司收购,目前,其公司网站上的单片机产品主要分为 AVR 系列与 PIC 系列。

1.3.4　STC(宏晶)公司的 STC 系列单片机

STC 系列单片机是深圳宏晶公司生产的,基于 8051 内核,是高速、低功耗,具有超强抗干扰能力的新一代 8051 单片机。指令代码完全兼容传统 8051,速度比 8051 快 8～12 倍,内部集成了 MAX810 专用复位电路,4 路 PWM 8 路高速 10 位 A/D 转换,成为继 MCS-51 单片机后一个全新系列的单片机。

主要有以下产品系列:
- STC89C series 6T/12T 增强型单片机;
- STC11F/11L series 2T 增强型单片机;
- STC12C/12LE series 2T 增强型单片机;

- STC15C/15LE series 2T 增强型单片机。

STC 单片机可以看作是 MCS-51 与 AVR 的结合体,虽然其功能不及 AVR 强大,价格也不及 MCS-51 和 STM32 便宜,但它是国产单片机中较为出色的一种。AVR 包含的功能,STC 基本都有,同时 STC 单片机是基于 MCS-51 内核的,这给具有 MCS-51 单片机基础的工程师们提供了极大的方便,省去了学习 AVR 的时间,却可以获得 AVR 的各种功能。

1.3.5　全国大学生电子设计竞赛曾指定的单片机

全国大学生电子设计竞赛是教育部与工业和信息化部共同发起的大学生学科竞赛之一,每届竞赛的资助方不同,并且每次都指定使用不同公司的单片机,分别指定过 Sony、NEC、瑞萨电子、Freescale、TI 等公司的单片机作为参赛芯片。

1. 美国 Freescale(飞思卡尔半导体)

Freescale 系列单片机具有的种类很多,有些型号的单片机本身就有几种不同的引脚数和封装形式,这样用户可以根据需要选择适合开发的单片机。例如:

- 68HC05、68HC08、68HC11 系列 8 位单片机;
- 68HC12、68HC16 系列 16 位单片机;
- Freescale 683XX 系列 32 位单片机;
- MPC 860(PowerQUICC);
- MPC 8240/8250(PowerQUICC Ⅱ);
- MPC 8540/8555/8560(PowerQUICC Ⅲ)。

2. 美国 TI(德州仪器)

美国 TI 公司的单片机主要有以下 3 个系列:

(1) C2000 实时控制单片机。

C2000 实时控制器隶属高性能微控制器产品系列,专门用于控制电力电子产品,并在工业和汽车应用中提供高级数字信号处理功能。

(2) 用于实现功能安全的 Hercules 单片机(有 39 种),如图 1-12 所示。

Hercules 产品系列						
TMS570 汽车级 (-40 至 125 摄氏度)		LS02、LS03、 LS04	LS07、 LS09	LS11、 LS12	LS21、 LS31	LC43
RM 工业级 (-40 至 105 摄氏度)		RM41、RM42	RM44	RM46	RM48	RM57
封装	PZ, 100 QFP, 16mm x16mm	✓	✓			
可扩展且在同一封装类型之间引脚对引脚兼容	PGE, 144 QFP, 22mm x22mm		✓	✓	✓	
	ZWT, 337 BGA, 16mm x16mm			✓	✓	✓
存储器		128-384kB	768kB-1MB	1-1.2MB	2-3MB	4MB
频率		80-100MHZ	100-180MHz	160-220MHZ	160-220MHZ	300-330MHZ

图 1-12　Hercules 产品系列

（3）MSP430 系列超低功耗单片机。

MSP430 微控制器(MCU)产品系列提供多种具有超低功耗和集成式模拟和数字外设的 16 位 MCU,适用于传感和测量应用,见图 1-13。

比较	Part Number (根据器件型号筛选 Q)	TI.com inventory	Frequency (MHz)	Non-volatile memory (kB)	RAM (KB)	ADC	Number of ADC channels	GPIO pins (#)	Features	UART	USB	Number of I2Cs	SPI	Comparator channels (#)
☐	器）、16KB FRAM、4KB SRAM、27个I/O、12位 ADC 的电容式触控 MCU					12-bit SAR								
☐	MSP430F5438A-ET - 具有扩展温度范围和256KB闪存、16KB SRAM、12位 ADC、DMA、UART/SPI/I2C、计时器的25MHz MCU - Hi-Rel	0	25	256	16	12-bit SAR	–	87	Real-time clock	4	–	4	8	0
☐	MSP430FR2475 - 具有32KB FRAM、4KB SRAM、比较器、12位 ADC、UART/SPI/I2C 和计时器的16MHz MCU	0	16	32	4	12-bit SAR	12	43	Real-time clock	2	–	2	4	4
☐	MSP430FR2476 - 具有64KB FRAM、8KB SRAM、比较器、12位 ADC、UART/SPI/I2C 和计时器的16MHz MCU	250	16	64	8	12-bit SAR	12	43	Real-time clock	2	No	2	4	4
☐	MSP430FR2675 - 具有16个触摸IO（64个传感器）、32KB FRAM、43个I/O、12位 ADC、105C的电容式触控 MCU	4	16	32	6	12-bit SAR	12	43	Advanced sensing, Real-time clock	2	No	2	4	4
☐	MSP430FR2676 - 具有16个触摸IO（64个传感器）、64KB FRAM、8KB SRAM、43个I/O、12位 ADC、105C的电容式触控 MCU	0	16	64	8	12-bit SAR	12	43	Advanced sensing, Real-time clock	2	No	2	4	4
☐	MSP430FR5041 - 具有32KB FRAM、12位高速8MSPS Σ-Δ ADC 和集成传感器 AFE 的16MHz MCU	0	16	32	12	12-bit SAR	8	44	Advanced sensing, DMA, Low-energy accelerator (LEA), Metering test interface (MTIF), Real-time clock, Ultrasonic sensing AFE, Direct drive	4	–	2	6	12
☐	MSP430FR5043 - 具有64KB FRAM、12位高速8MSPS Σ-Δ ADC 和集成传感器 AFE 的16MHz MCU	54,022	16	64	12	12-bit SAR	8	44	Advanced sensing, DMA, Low-energy accelerator (LEA), Metering test interface (MTIF), Real-time clock, Ultrasonic sensing AFE, Direct drive	4	–	2	6	12
☐	MSP430FR50431 - 适用于流量计、具有64KB FRAM、12KB RAM和I2C引导加载程序的超声波感应 MCU	0	16	64	12	12-bit SAR	8	44	Advanced sensing, DMA, Low-energy accelerator (LEA), Metering test interface (MTIF), Real-time clock, Ultrasonic sensing AFE, Direct drive	4	–	2	6	12
☐	MSP430FR6041 - 具有32KB FRAM、LCD、12位高速8MSPS Σ-Δ ADC和集成传感器 AFE 的16MHz MCU	1,070	16	32	12	12-bit SAR	8	57	Advanced sensing, DMA, LCD, Low-energy accelerator (LEA), Metering test interface (MTIF), Real-time clock, Ultrasonic sensing AFE, Direct drive	4	No	2	6	12
☐	MSP430FR6043 - 适用于燃气和水计量应用、具有64KB FRAM、12KB RAM和LCD的超声波感应 MCU	10,546	16	64	12	12-bit SAR	8	57	Advanced sensing, DMA, LCD, Low-energy accelerator (LEA), Metering test interface (MTIF), Real-time clock, Ultrasonic sensing AFE, Direct drive	4	No	2	6	12

图 1-13　MSP430 单片机系列部分型号

TI 公司赞助了多届竞赛,推出了校园计划,参赛的同学可以在 TI 官网进行样片申请,免费得到有关芯片。最新产品可见 TI 公司官网[①]。

1.4　AVR 单片机产品系列及开发方法

AVR 系列单片机已经成为使用广泛、性能强大,在低成本单片机市场中取得了突出成绩,在中低端单片机系列中也具有价格优势。

Arduino 中的首款处理器 Arduino UNO 选择了 AVR 系列的 ATmega328P 作为核心。AVR 单片机对 Arduino 的出现起了很大的作用,Arduino 开发板使用了 AVR 的核心处理器,也很好地继承了 AVR 单片机的优点并且推广开来。

1.4.1　AVR 单片机采用的主要技术

1. 哈佛结构

哈佛结构是一种将程序指令和数据分开存储的存储器结构,见图 1-14(a)。

---

① http://www.ti.com.cn/zh-cn/microcontrollers/overview.html.

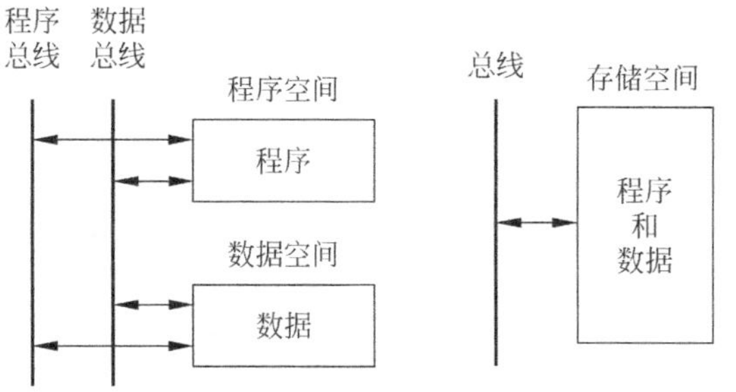

(a) 哈佛结构　　　　(b) 冯·诺依曼结构

图 1-14　哈佛结构与冯·诺依曼结构

可以看出,在哈佛结构中,程序存储器和数据存储器是分开的,可以直接访问 8MB 的程序存储器和 8MB 的数据存储器。AVR 的一条指令执行速度可达 50ns(20MHz),具备 1MIPS/MHz 的高速运行处理能力。

程序指令存储和数据存储是分开的,因此数据和指令的存储就可以同时进行,当执行某一指令时,下一指令被预先从程序存储器中取出,这使得指令可以在一个时钟周期内完成执行。

冯·诺依曼结构是一种将程序指令存储器和数据存储器合并在一起的通用计算机结构,见图 1-14(b),微型计算机采用的就是冯·诺依曼结构。

哈佛结构和冯·诺依曼结构各有好处,相对于冯·诺依曼结构,哈佛结构更可靠,更加适合于那些程序固化、任务相对简单的单片机控制系统,哈佛结构的微处理器也相对更高效。

但是在通用计算机系统中,应用软件的多样性使得计算机要不断地改变所执行的代码的内容,并且频繁地对数据与代码占有的存储器进行重新分配,在这种情况下,冯·诺依曼结构占有绝对优势,因为统一编址可以最大限度地利用资源,而哈佛结构的计算机若应用于这种情形下,则会对存储器资源产生理论上最大可达 50% 的浪费,这显然是不合理的。

2. 超功能精简指令集

早先推出的 MCS-51 单片机采用了复杂指令集计算机(Complex Instruction Set Computer,CISC)体系,由于 CISC 结构存在的指令系统不等长、指令种类和个数多、CPU 利用率低、执行速度慢等缺点,逐渐不能满足更高级的嵌入式系统的开发需要。

AVR 单片机使用精简指令集计算机(Reduced Instruction Set Computer,RISC)体系,采用了通用快速寄存器组的机构,具有 32 个通用工作寄存器(相当于 8051 中的 32 个累加器),克服了单一累加器数据处理造成的瓶颈现象,通过简化 CPU 的指令功能,减少指令的平均执行时间。

在相同情况下,RISC 系统的运行速度是 CISC 系统的 2~4 倍。

RISC 是相对于 CISC 而言的,RISC 并非只是简单地去减少指令,而是通过使计算机的结构更加简单合理而提高运算速度。

AVR 单片机采用 CMOS 技术和 RISC 架构,实现高速(50ns)、低功耗(μA)、具有 SLEEP(休眠)功能。AVR 的一条指令执行速度可达 50ns(20MHz 晶振时),耗电为 $1\mu A \sim 2.5mA$。

3. FlashROM 程序存储器

FlashROM 价格低廉、可擦写 1 万次以上。AVR 单片机指令长度单元为 16 位,而数据存储器为 8 位,因此 AVR 还是属于 8 位单片机。

程序写入器件时,可使用编程器并行方式写入,利用串行在线系统编程(In-System Programming,ISP)。大部分 AVR 还有 IAP 功能,便于升级或销毁应用程序。也就是说,不必将单片机芯片从系统板上拆下拿到万用编程器上烧录,而可直接在电路板上进行程序的修改、烧录等操作,便于产品升级,尤其是对于使用表面安装器件(Surface Mounted Devices,SMD),更利于产品微型化。

1.4.2　AVR 单片机产品系列

为满足不同的需求和应用,对 AVR 单片机的内部资源进行了相应的扩展和删减,推出了 AT90 系列、tinyAVR、megaAVR、ATXmega 系列等不同档次数十种型号的产品。

AVR 单片机有自动上电复位电路、独立的看门狗电路、低电压检测电路(Brown-Out Detector,BOD),多个复位源(自动上下电复位、外部复位、看门狗复位、BOD 复位),可设置的启动后延时运行程序,增强了嵌入式系统的可靠性。AVR 单片机还自带 E^2PROM、PWM、RTC、外部中断、定时/计数器、UART、SPI、IIC(即 I^2C)、ADC、模拟比较器。

看门狗定时器(WDT)用于安全保护,可防止程序走飞,提高产品的抗干扰能力。

可多次烧写的 FlashROM 具有多重密码保护锁定(LOCK)功能,可低成本快速完成产品商品化,且可多次更改程序(产品升级),便于系统调试,而且不必浪费 IC 或电路板,大大提高了产品质量及竞争力。

许多型号的产品工作电压为 $1.8 \sim 5.5V$,最低全速运行消耗电流 $<300\mu A$。AVR 单片机具有多种省电休眠模式,抗干扰能力强。表 1-1 为目前主推的产品。

表 1-1　AVR 单片机常用型号

Atiny 系列 (低价格)	Flash /KB	E^2PROM /B	SRAM /B	I/O 口 数量	时钟 /MHz	工作电压 /V	16 位 定时器	8 位 定时器
ATtiny24	2	128	128	12	20	1.8~5.5	1	1
ATtiny25	2	128	128	6	20	1.8~5.5	—	2
ATtiny26	2	128	128	16	16	2.7~5.5	—	2
ATtiny2313	2	128	128	18	20	1.8~5.5	1	1
ATtiny44	4	256	256	12	20	1.8~5.5	1	1
ATtiny45	4	256	256	6	20	1.8~5.5	—	2
ATtiny48	4	64	256	24/28	12	1.8~5.5	1	1
ATtiny84	8	512	512	12	20	1.8~5.5	1	1
ATtiny88	8	64	512	24/28	12	1.8~5.5	1	1

续表

megaAVR 系列	Flash /KB	E²PROM /B	SRAM /B	I/O口 数量	时钟 /MHz	工作电压 /V	16位 定时器	8位 定时器
ATmega48	4	256	512	23	20	1.8～5.5	1	2
ATmega8	8	512	1024	23	16	2.7～5.5	1	2
ATmega8515	8	512	512	35	16	2.7～5.5	1	1
ATmega8535	8	512	512	32	16	2.7～5.5	1	2
ATmega88	8	512	1024	23	20	1.8～5.5	1	2
ATmega16	16	512	1024	32	16	2.7～5.5	1	2
ATmega162	16	512	1024	35	16	1.8～5.5	2	2
ATmega164	16	512	1024	32	20	1.8～5.5	1	2
ATmega168	16	512	1024	23	20	1.8～5.5	1	2
ATmega169	16	512	1024	53	16	1.8～5.5	1	2
ATmega169P	16	512	1024	54	16	1.8～5.5	1	2
ATmega16A	16	512	1024	32	16	2.7～5.5	1	2
ATmega32	32	1024	2048	32	16	2.7～5.5	1	2
ATmega324	32	1024	2048	32	20	1.8～5.5	1	2
ATmega328P	32	1024	2048	23	20	1.8～5.5	1	2
ATmega329	32	1024	2048	54	20	1.8～5.5	1	2
ATmega64	64	2048	4096	53	16	2.7～5.5	2	2
ATmega128	128	4096	4096	53	16	2.7～5.5	2	2
ATmega1280	128	4096	8192	86	16	1.8～5.5	4	2
xmegaAVR 32位单片机	Flash /KB	E²PROM /B	SRAM /B	I/O口 数量	时钟 /MHz	工作电压 /V	16位 定时器	8位 定时器
ATXmega64A3	64	2	4	50	32	1.6～3.6	7	—
ATXmega128A1	128	2	8	78	32	1.6～3.6	8	—
ATXmega256A3	256	4	16	50	32	1.6～3.6	7	—

在根据一个具体应用进行单片机选型时,先要参考表1-1中的主要技术参数,更详细的参数可以查找相应的单片机器件数据手册(Datasheet)。

例如,某一个应用的基本要求是:64KB Flash ROM、50个I/O口以上、4KB E²PROM、8路A/D、I²C、SPI、WDT。通过查表可知,可以选用ATmega64。

1.4.3 AVR单片机开发方法

目前世界上有上万种单片机,每种单片机的制造商都有自己的开发板和编程软件。当面对一项任务需求时,首先需要选择单片机芯片型号,之后制作出该单片机的硬件电路板(或选择商家的开发板),这样才能在上面进行软件编程,实验调试各种功能。图1-15是单片机开发环境的组成。

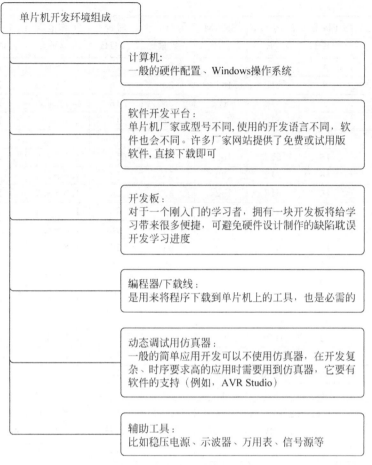

图 1-15　AVR单片机的开发环境

1. 单片机选型与方案设计

以 1.2.2 节中的"LED 点阵书写显示屏"为例,由于比赛规定采用美国德州仪器(TI)的单片机,所以设计选用 16 位超低功耗单片机 MSP430G2553。

具体的技术方案是:使用 74HC595 串行驱动一块 16×16 的 LED 点阵屏,由单片机控制 LED 点阵屏逐行逐点进行扫描,通过光敏三极管构成的光笔将 LED 点阵屏上扫描产生的光信号转化为电信号,并将其送入单片机自带的 A/D 模块进行模数转换,根据设定的阈值电压可以判断光笔的接触点坐标,并实现"点亮、擦除、划亮、反显、整屏擦除、笔画擦除、连写多字、对象拖移"等功能。

光笔检测 LED 点阵显示屏的光信号,单片机对接收到的电压信号进行分析后再对 LED 点阵显示屏进行相应的操作。开启上位机操作程序后,将显示进行操作的点,同时可控制 LED 点阵显示屏完成相应的功能。

总体设计框架如图 1-16 所示。

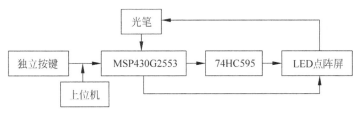

图 1-16 总体设计框架

2. 硬件设计与实现

学习硬件要比学习软件麻烦,且成本更高,周期更长。但是,学习单片机的最终目的是进行产品开发——软件和硬件相结合形成完整的控制系统。所以,设计和制作硬件也是单片机技术的一个必学内容,为了完成硬件电路板的设计,可以采用以下两种方法之一。

(1)直接设计硬件电路。单片机只是一个芯片,需要与其他一些电子元器件配合才能工作。例如,需要为它提供稳定和精确的电源、晶振、电阻、电容等外部辅助电路,并制作PCB。这种方式需要较高的硬件设计制作水平,往往需要几次返工。

(2)使用开发板。为了便于用户快速利用单片机进行开发设计,市场上出现了多种开发板产品,可以提高学习效率,为更好地学习单片机提供了方便的开发平台。利用单片机开发板可以编制不同的程序,实现各种各样的功能,而不用每次都重新单独设计一块电路板。

单片机开发板(见图 1-17)大同小异,可根据功能、价格自己选择,够用即可,不必追求大而全。在设计阶段,可以利用开发板上的硬件设计并调试程序,然后就可以方便地移植到产品上。需要注意的是,毕竟开发板和最终产品的电路板不可能完全一致,有时要做适当的修改,例如端口的设置等。

在编写单片机软件前,首先要确定一些常数、地址,以便程序使用。事实上,这些常数、地址在硬件设计阶段已被直接或间接地确定下来了。如当某器件的连线设计好后,其地址也就被确定了,当器件的功能被确定下来后,其控制字也就相应确定了。

图 1-17 单片机开发板

3. 选择软件开发平台

开发单片机软件需要在软件开发平台上进行,选择好开发平台后,可用文本编辑器(如Notepad+++、Sublime Text 等)编写程序,然后用编译器对源程序文件进行编译和查错。

AVR 单片机可以采用汇编语言或 C 语言编写程序,相对而言,采用 C 语言编写代码更方便。AVR 单片机是针对 C 语言等高级语言设计的,相比其他处理器,AVR 的代码规模可缩小 50%。相对于汇编语言,C 代码几乎不会有性能差别,却可以大大缩短开发时间。

目前 AVR 的主要软件开发平台如图 1-18 所示,C 编译器主要有以下几种:

- IAR 价格约为 1500 美元；
- ImageCraft 价格约为 200 美元；
- Codevision V1.44A 价格约为 150 美元；
- GCC 免费。

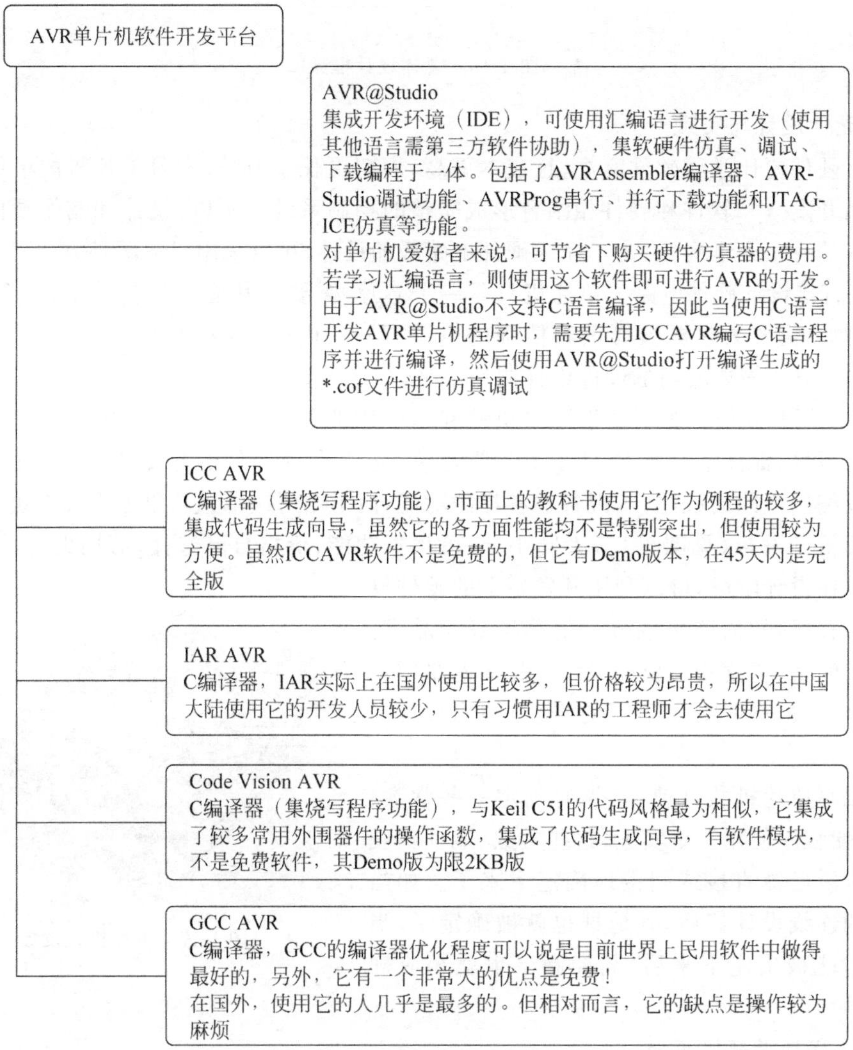

AVR单片机软件开发平台

AVR@Studio
集成开发环境（IDE），可使用汇编语言进行开发（使用其他语言需第三方软件协助），集软硬件仿真、调试、下载编程于一体。包括了AVRAssembler编译器、AVR-Studio调试功能、AVRProg串行、并行下载功能和JTAG-ICE仿真等功能。
对单片机爱好者来说，可节省下购买硬件仿真器的费用。若学习汇编语言，则使用这个软件即可进行AVR的开发。由于AVR@Studio不支持C语言编译，因此当使用C语言开发AVR单片机程序时，需要先用ICCAVR编写C语言程序并进行编译，然后使用AVR@Studio打开编译生成的*.cof文件进行仿真调试

ICC AVR
C编译器（集烧写程序功能），市面上的教科书使用它作为例程的较多，集成代码生成向导，虽然它的各方面性能均不是特别突出，但使用较为方便。虽然ICCAVR软件不是免费的，但它有Demo版本，在45天内是完全版

IAR AVR
C编译器，IAR实际上在国外使用比较多，但价格较为昂贵，所以在中国大陆使用它的开发人员较少，只有习惯用IAR的工程师才会去使用它

Code Vision AVR
C编译器（集烧写程序功能），与Keil C51的代码风格最为相似，它集成了较多常用外围器件的操作函数，集成了代码生成向导，有软件模块，不是免费软件，其Demo版为限2KB版

GCC AVR
C编译器，GCC的编译器优化程度可以说是目前世界上民用软件中做得最好的，另外，它有一个非常大的优点是免费！
在国外，使用它的人几乎是最多的。但相对而言，它的缺点是操作较为麻烦

图 1-18　AVR 单片机软件开发平台

4. 选择仿真器

仿真器的作用是对单片机程序进行单步调试、设置断点等，便于查找程序中的错误。仿真器需要另行购买。除了极简单的程序外，一般都会利用仿真器对软件进行调试，直到程序运行正确为止。

图 1-19 是使用 AVR 单片机仿真器的开发方式。

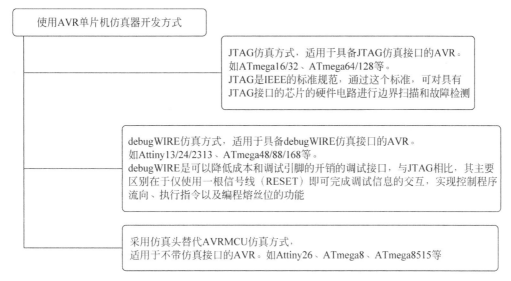

图 1-19 使用 AVR 单片机仿真器的开发方式

5. 采用编程器（烧写器）将程序写入单片机中

在仿真器上运行正确后，就可以写入（也称为"下载"）到单片机中了。在源程序被编译后，生成了扩展名为 .HEX 的目标文件，一般编程器能够识别这种格式的文件，只要将此文件调入即可将程序写入片内。

编程器将编译出来的目标代码固化到单片机的 ROM 内。一般来说，常见的 AVR 编程方式有串行编程（即 ISP 编程）、高压/并行编程、JTAG（Joint Test Action Group）接口编程、PDI 编程、IAP 编程。

AVR 的高压编程/并行编程，实际上是更早出现的编程方法，它功能强大，但需要连接较多的引脚（故称"并行编程"）和使用 12V 电压（故称"高压编程"）。有些单片机（如Attiny13）端口非常少，只能采用高压编程方式。

JTAG 是一种国际标准测试协议，主要用于芯片内部测试。JTAG 烧写方式仅适用于带 JTAG 接口的 AVR。与 ISP 烧写方式相比，JTAG 的一个主要缺点是必须占用与 JTAG对应的 I/O 端口。例如，ATmega16 必须占用 PC2～PC5 这几个端口。但有时这也是优点，因为对于 I/O 够用的 AVR 来说，在产品开发过程中，可以用 JTAG 接口来仿真调试，产品量产后，产品板预留的 JTAG 接口还可以用来烧写程序。

6. 采用 Arduino 开源开发平台的便捷开发方式

AVR 系列单片机已经成为使用最广泛、性能最强的通用型单片机之一，在低成本单片机市场中取得了突出成绩，并且在中低端单片机系列中也具有价格优势，包括 AT90 系列、tinyAVR、megaAVR、ATXmega 系列不同档次的数十种型号的产品，以满足不同的需求和应用。

与繁杂的传统单片机开发流程相比，本书将要介绍的 Arduino 更加简洁，对初学者十分友好。Arduino 包括：维持单片机基本运行的最小系统硬件——开发板、通过统一接口和开源硬件组成的应用系统、简洁的开发语言和一体化的集成开发环境 IDE(集成开发环境 IDE 自带烧写器)。

Arduino 还对复杂的内部寄存器操作做了很好的封装，对普通用户隐藏了芯片使用的复杂性，在常规应用时不需要了解内部寄存器数值，可以不使用仿真器。

利用 Arduino 语言，可以直接操控相应的硬件资源，简单易用，它降低了电子开发的门槛，即使是从零开始的入门者也能迅速上手，适合产品快速原型开发。

从第 2 章开始，我们将开始介绍 Arduino。

第 2 章　Arduino 开源平台

学习单片机技术,不仅需要掌握原理与必要的理论知识,更关键的一点,也是提升自己的一个重要途径,那就是实践。如何进行实践呢? 首要前提就是要把开发环境搭建起来。

Arduino 是一个开源硬件项目平台,这个平台除了包含一块以 ATmega328(或其后续型号 ATmega2560)单片机为核心,具备简单 I/O 功能的电路板之外,还包括一套程序开发环境软件,体现出开发团队和用户群体的开源互助精神。

采用 Arduino 开源平台,不但可以快速掌握单片机的开发,设计出有创意的作品或产品,而且还要培养出互助和奉献的开源精神。

2.1　Arduino 的产生

Arduino 是由一个欧洲开发团队在 2005 年冬季开发出来的,这个开发团队的成员包括 Massimo Banzi、David Cuartielles、Tom Igoe、Gianluca Martino、David Mellis 和 Nicholas Zambetti 等。

Massimo Banzi 之前是意大利米兰互动设计学院的教师,他的学生们在设计作品时,同样遇到了单片机型号选择、每次设计作品都要重新设计硬件电路板等问题。David Cuartielles 是一位西班牙籍电子工程师,当时在这所学校做访问学者。针对这些单片机开发中的问题,Massimo Banzi 与 David Cuartielles 两人决定设计自己的开源电子原型电路板,另外由 Banzi 的学生 David Mellis 为电路板设计专用编程语言及其集成开发环境(IDE)。两天以后,David Mellis 就写出了 IDE,又过了三天,电路板就完工了。

Massimo Banzi 喜欢去一家名叫 di Re Arduino 的酒吧,该酒吧是以 1000 年前意大利国王 Arduin 的名字命名的。为了纪念这个地方,他将这块电路板命名为 Arduino。他们决定开始 Arduino 的事业,但是有个原则——开源,其开源内容包括硬件原理图和电路图、IDE 软件、核心库文件,用户可以在遵守开源协议的前提下进行修改。

Banzi、Cuartielles 和 Mellis 把设计图放到了网上,他们决定采用 CC(Creative Commons)授权方式公开硬件设计图。在这样的授权下,任何人都可以生产电路板的复制品,甚至还能重新设计和销售原设计的复制品。人们不需要支付任何费用,甚至不用取得

Arduino 团队的许可。然而,如果重新发布了引用设计,就必须声明原始 Arduino 团队的贡献。如果修改了电路板,那么最新设计必须使用相同或类似的 CC 授权方式,以保证新版本的 Arduino 电路板也一样是自由和开放的。

Cuartielles 不喜欢因为赚钱而限制大家的创造力,从而导致自己的作品得不到广泛使用。他在某次演讲中甚至说:"请你们复制它吧!""如果有人要复制它,没问题。复制只会让它更出名。"Banzi 设想,如果将 Arduino 开源,相比那些不开源的作品,会激发更多人的兴趣,从而得到更广泛的使用。另外,一些电子爱好者会去寻找 Arduino 的设计缺陷,从而帮助他们开发出更好的新产品。所以,Arduino 是一个包含硬件和软件的电子开发平台,具有互助和奉献的开源精神以及团队力量。

Arduino 一经推出,就因其开源、廉价、简单易懂的特性迅速受到了广大电子迷的喜爱和推崇。我们可以访问 Arduino 官方网站,得到硬件的设计图,对电路板和元件加以调整,以符合自己实际的设计需求。Arduino 的硬件电路板可以自行焊接组装,也可以购买已经组装好的模块,而程序开发环境的软件则可以从网上免费下载与使用。

Arduino 无论是硬件还是软件都是开源的,这就意味着所有人都可以查看和下载其源码、图表、设计等资源,并且可以用来做任何开发。用户可以购买克隆开发板和基于 Arduino 的开发板,甚至可以自己动手制作一块开发板。

唯一被保护的只有 Arduino 这个名字,它被注册成了商标,在没有官方授权的情况下不能使用它。如果有人想用这个名字卖电路板,那他们必须支付商标费用给 Arduino 的核心开发团队成员。

目前国内许多公司也设计了许多兼容的 Arduino 开发板,将自己产品命名为 Axduino、UXduino、Unduino 等型号,这样就不必向 Arduino 交纳版权费了。

2.1.1　Arduino 的技术特点

Arduino 是一种开源的电子平台,该平台主要包括 AVR 单片机和相应的开发软件,自从 2005 年 Arduino 问世以来,其硬件和开发环境一直进行着更新迭代,目前在国内受到电子发烧友的广泛关注。

Arduino 开发团队正式发布的是 Arduino UNO R3 和 Arduino Mega 2560 R3,如图 2-1 和图 2-2 所示。

Arduino 硬件部分的核心是一个基于 AVR ATmega8 及其后续型号的单片机,通过开发板上标准化的输入/输出接口,连接输入和输出信号。输出可以是模拟或数字信号。既可以通过将一个引脚设为开或关(0V 或 5V)来直接控制一个 LED 开关或更高功率的设备(如电机),也可以设定输出模拟电压,从而直接控制电机的转速或者光源的亮度等。

图 2-1　Arduino UNO R3

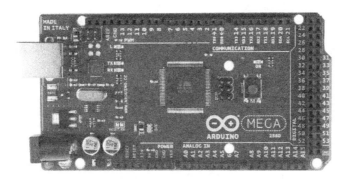

图 2-2　Arduino Mega 2560 R3

采用标准化开发板的最大的好处是：当你开始一个新的项目时，不需要首先权衡众多单片机的利弊来做选择，可以通过使用标准化的 Arduino 控制板，把选择单片机型号等硬件设计问题简单化，电路板也更专业化。

对 Arduino 的编程是通过 Arduino 编程语言和 Arduino 开发环境 IDE 来实现的。IDE 具有与 Java、C 语言类似的 Processing/Wiring 开发环境。Arduino 的 IDE 可以免费下载使用，它可以将 Arduino 程序编译成二进制文件，烧录进单片机中。

Arduino 开发环境也可以独立运行，并与其他软件进行交互，例如，Macromedia Flash、Processing、Max/MSP、Pure Data、VVVV 或其他互动软件，我们可以将 Arduino 与 Adobe Flash、Processing、Max/MSP、Pure Data、SuperCollider 等软件结合，快速开发出令人惊艳的互动作品。

2.1.2　开源性

Arduino 开源和自由的设计无疑是全世界电子爱好者的福音，大量的资源和资料让我们可以快速学习 Arduino，开发一个电子产品从未如此简单。利用 Arduino，电子爱好者们可以快速设计出原型，然后根据反馈逐步改进，得到更加稳定可靠的设计。

1. 开放性

Arduino 的硬件原理图、电路图、IDE 软件及核心库文件都是开源的，在开源协议范围内，可以任意修改原始设计及相应代码。

Arduino 的出现，让人们看到了不仅是软件，硬件的开发也越来越简单和廉价。不必从底层开始学习，可以从零上手，将自己的灵感用最快的速度转化成现实。以 Arduino 为代表的开源硬件就这样降低了硬件的门槛，使设计电子产品不再是专业领域电子工程师的专利，"自学成才"的电子工程师正在逐渐成为可能。

开源硬件也使得软件同硬件、互联网产业更好地结合到一起，在未来的一段时间里，开源硬件将会有更好的发展，最终形成硬件产品少儿化、平民化、普及化的趋势。同时，Arduino 的简单易学也会成为一些电子爱好者进入电子行业的基石，Arduino 可以与 LED、点阵显示板、电机、各类传感器、按钮、以太网卡等各类可以输出/输入的数据或被控制的任何东西连接,随着使用 Arduino 制作电子产品的深入,也会对硬件进行更深层次的探索。与按部就班地从枯燥的单片机寄存器、汇编语言学起的传统方式相比,从 Arduino 起步要容易和有趣得多。

2. 社区与第三方支持

Arduino 有着众多的开发者和用户,可以方便地找到他们提供的众多开源的示例代码、硬件设计。例如,可以在 Github.com、Arduino.cc、Openjumper.com 等网站找到 Arduino 第三方硬件、外设、类库等支持,更快、更简单地扩展 Arduino 项目。

互联网上的资源十分丰富,各种案例、资料可以帮助用户迅速制作出自己想要的电子设备。目前,全世界的电子爱好者用 Arduino 开发出了各种有趣的电子互动产品。

3. 适用于快速产品原型开发

Arduino 不仅仅是全球最流行的开源硬件,也是一个优秀的硬件开发平台,更是硬件开发的趋势。开发者可以更加关注创意与实现,更快地完成自己的项目开发,大大地节约了学习成本,缩短了开发周期。

2.2 Arduino UNO 开发板

Arduino 有各式各样的开发板,通常最开始使用的是 Arduino UNO。

Arduino UNO 开发板设计得非常简洁,通常作为 Arduino 平台的参考标准模板。另外还有很多小型的、微型的、基于蓝牙和 WiFi 的变种开发板,详见 14.1 节。

UNO 的处理器核心是 AVR 单片机 ATmega328P 芯片,它有 14 个数字输入/输出引脚(其中 6 个可用作 PWM 输出)、6 个模拟输入、16MHz 晶振时钟、USB 接口、电源插孔、ICSP 接头和复位按钮。只需通过 USB 数据线连接到计算机,就可以实现供电、程序下载和数据通信,如图 2-3 所示。

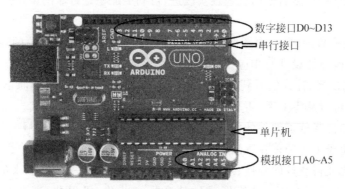

图 2-3　Arduino UNO R3

ATmega328P 包括了片上 32KB Flash，其中 0.5KB 用于 BootLoader（引导装载程序）。同时还有 2KB SRAM 和 1KB E^2PROM。Arduino 利用 AVR 的 BootLoader 可编程特性，实现了可在线修改程序、下载烧写程序的功能。

BootLoader 是常驻的一小段固件，与主机通信，让编译好的程序可以从主机传送过来，并保存在 AVR 的程序存储器中。这样就不再需要任何形式的专用芯片编程硬件了。

2.2.1 电路图和 PCB

开源的理念就是通过用户开放、分享软硬件的设计来激发各种新创意，基于这种理念，Arduino 团队公开了 Arduino UNO R3 控制板的原理图，如图 2-4 所示。

电路图和 PCB 硬件设计文件（Eagle 文件）可在 Arduino 官方网站免费下载[①]。

2.2.2 Arduino 与 ATmega328 内部对应关系

ATmega328 的通用 I/O 引脚都是复用的，表 2-1 与图 2-5 列出了每个引脚的复用功能，以及与 Arduino UNO 的对应关系。

表 2-1　ATmega328 的引脚复用以及与 Arduino UNO 的对应关系

Arduino	ATmega328	Arduino	ATmega328
D0/RX	PD0/RXD	D10/PWM	PB2/OC1B
D1/TX	PD1/TXD	D11/PWM	PB3/OC2A
D2	PD2/INT0	D12	PB4
D3/PWM	PD3/INT1/OC2B	D13/LED	PB5
D4	PD4	A0/D14	PC0/ADC0
D5/PWM	PD5/OC0B	A1/D15	PC1/ADC1
D6/PWM	PD6/OC0A	A2/D16	PC2/ADC2
D7	PD7	A3/D17	PC3/ADC3
D8	PB0	A4/D18	PC4/ADC4/SDA
D9/PWM	PB1/OC1A	A5/D19	PC5/ADC5/SCL

---

① http://arduino.cc/en/uploads/Main/Arduino_Uno_Rev3-schematic.pdf，http://arduino.cc/en/uploads/Main/arduino_Uno_Rev3-02-TH.zip.

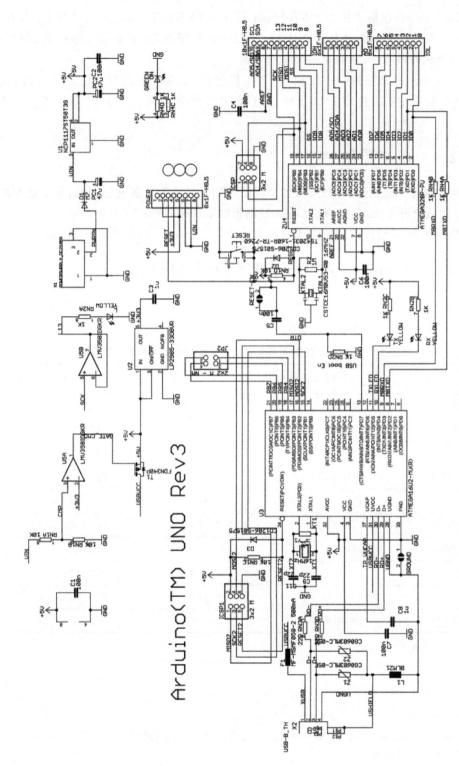

图 2-4 Arduino UNO R3 开源原理图(出自 www. arduino. cc)(CS-SA-BY)

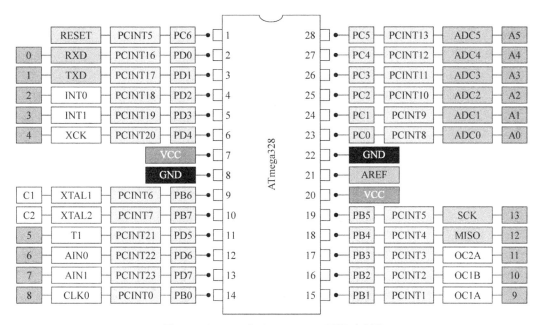

图 2-5　Arduino 与 ATmega328 引脚对应图

2.2.3　Arduino UNO 板引脚安排

Arduino 电路板上提供了 4 组扩展插座,以便将 Arduino 与外部电路连接起来,如图 2-6 所示。

(1) 14 路数字输入/输出口。工作电压为 5V,每一路能输出和接入的最大电流为 40mA。每一路配置了 20～50kΩ 内部上拉电阻(默认不连接)。数字接口可以提供 40mA 的 5V 电压,这足够点亮一个标准的 LED,但不足以驱动电机。在 UNO R3 的 14 个数字 I/O 引脚中,6 个可用于 PWM(脉宽调制)输出。

(2) 6 路模拟输入引脚 A0～A5,开发板可读取外部模拟信号,每一路具有 10 位的分辨率 (即可输入 1024 个不同值),默认输入信号范围为 0～5V,可以通过 AREF 调整输入上限。

(3) TX 和 RX 引脚用于串口通信。其中标有 TX 和 RX 的 LED 灯连接相应引脚,在串口通信时会以不同速率闪烁。串口信号 RX(0 号)、TX(1 号)与内部 ATmega8U2 USB-to-TTL 芯片相连,提供 TTL 电压水平的串口接收信号。

(4) 数字引脚的第二种功能:外部中断(2 号和 3 号)触发中断引脚,可设成上升沿、下降沿或同时触发。脉冲宽度调制(PWM)(3 号、5 号、6 号、9 号、10 号、11 号):提供 6 路 8 位 PWM 输出。SPI[10(SS)、11(MOSI)、12(MISO)、13(SCK)]:SPI 通信接口。TWI 接口(SDA A4 和 SCL A5):支持通信接口(兼容 I^2C 总线)。

(5) LED(13 号):Arduino 专门用于测试 LED 的保留接口,输出为高电平时点亮 LED,反之输出为低电平时 LED 熄灭。一般情况下,开发板上电时,板载灯都会闪烁,这可以帮助我们检测开发板是否正常。

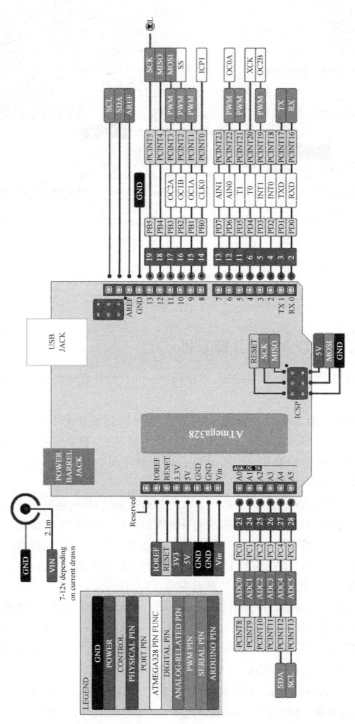

图 2-6 Arduino 电路板上的 4 组扩展插座

（6）AREF：模拟输入信号的参考电压。

（7）Reset：信号为低时，复位单片机芯片。重置按钮和重置接口都用于重启单片机，就像重启计算机一样。Arduino UNO 提供了自动复位设计，可以通过主机复位，利用该设计，通过 Arduino 软件下载程序到 UNO 中，软件可以自动复位，不需要复位按钮。在印制板上丝印 RESET EN 处可以使能和禁止该功能。

2.2.4　Arduino UNO 板的供电

现在的 Arduino UNO 允许同时连接多个电源，Arduino UNO 可以通过以下两种方式供电，智能电源切换电路可以自动选择供电方式。

（1）外部直流电源通过电源插座供电。

VIN：当外部直流电源接入电源插座时，可以输入 7～12V 的电源，理论上，输入的电压可以高达 20V，但是这样一来，稳压芯片就有可能因过热而永久损害 PCB。

（2）通过连接到 PC 的 USB 线给它供电。

USB 标准允许向一个未枚举的 USB 设备（插入 USB 总线但是没有向主机报告自己身份的设备，比如 USB 电源转接头）提供 5.0V 最大 100mA 的电流，而已枚举的 USB 设备可以获得高达 500mA 的电流。这足以点亮几个 LED 灯或驱动几个低功耗的传感器，但是对于大电流负载，比如继电器、加热器、风扇、马达或电磁阀还是不够的。

Arduino UNO 上 USB 口附近有一个可重置的保险丝，对电路起到保护作用。当电流超过 500mA 时，会断开 USB 连接。

2.3　加载运行第一个 Arduino 程序

2.3.1　IDE 安装与功能介绍

1. IDE 简介

Arduino IDE 是一个基于开放源代码的软硬件平台，是 Arduino 官方推出的一个集成开发环境，不需要太多的单片机内部寄存器硬件基础，简单学习后，就可以快速进行开发。

Arduino IDE 界面友好、语法简单，对于初学者来说极易掌握，同时也保留了足够的灵活性，使 Arduino 的程序开发变得非常便捷。

2. IDE 安装

作为一款开放源代码的软件，Arduino IDE 是基于 Java、Processing、AVR GCC 等开放源码软件进行开发的，其一大特点是跨平台的兼容性，让用户可以在 Windows、Mac OS X、Linux 三大主流操作系统上运行。

在浏览器中输入官方网址[①]，进入下载界面，如图 2-7 所示，以 Arduino 1.8.8 为例。

---

① 　https://www.arduino.cc/en/Main/Software.

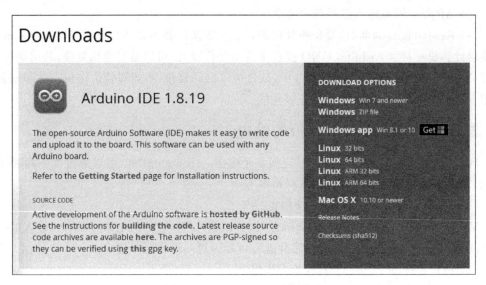

图 2-7　Arduino IDE 下载界面

Arduino 提供了 Windows、Mac OS X、Linux 操作系统下的各种版本,可以下载相应版本并进行安装。单击 Windows Installer for Windows XP and up 进行下载,如图 2-8 所示。

图 2-8　下载 Windows Installer 界面

下面是 Arduino IDE 的安装过程:

(1) 双击 Arduino-1.8.8-windows.exe 文件,出现如图 2-9 所示界面。

(2) 单击 I Agree 按钮,出现如图 2-10 所示界面。

(3) 单击 Next 按钮,出现如图 2-11 所示界面。

(4) 单击 Install 按钮进行安装,如图 2-12 所示。

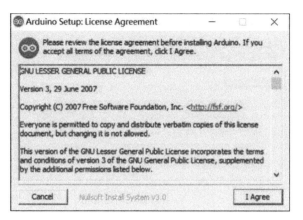

图 2-9　许可协议界面

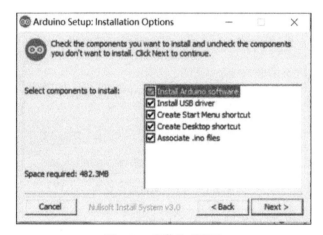

图 2-10　安装选项界面

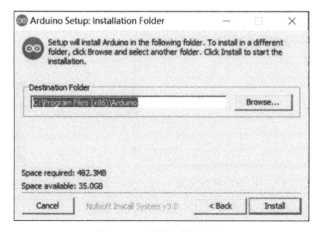

图 2-11　安装文件夹界面

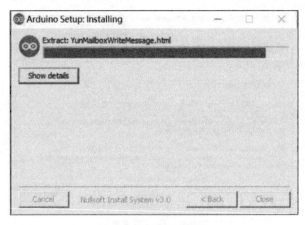

图 2-12　安装过程界面

（5）在如图 2-13 所示界面中单击"安装（I）"按钮，安装 LLC 端口软件。

图 2-13　LLC 端口软件安装

（6）单击 Close 按钮，完成安装，如图 2-14 所示。

（7）桌面出现 Arduino 图标，如图 2-15 所示。

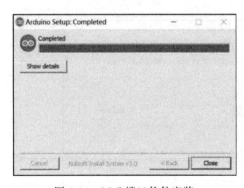

图 2-14　LLC 端口软件安装

图 2-15　Arduino 图标

3. IDE 功能介绍

双击 Arduino IDE 图标，即可进入其开发环境。在初始界面中，会显示菜单栏、图形化的

工具条、中间的编辑区域和底部的状态区域。Arduino IDE 用户界面的区域功能如图 2-16
所示。

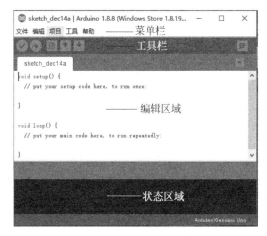

图 2-16　Arduino IDE 用户界面

图 2-17 为 Arduino IDE 界面工具栏,从左至右依次为编译、上传、新建程序、打开程序、
保存程序和串口监视器(Serial Monitor)按钮,后面的介绍不再给出图示,只使用按钮名称。

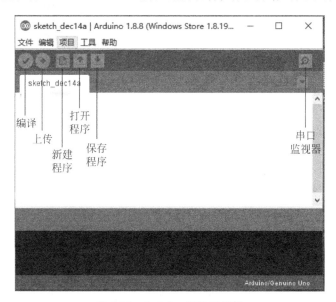

图 2-17　Arduino IDE 工具栏

　　(1)"文件"菜单: 写好的程序通过文件的形式保存到计算机时,需要使用"文件"菜单,
"文件"菜单常用的选项如图 2-18 所示。

　　(2)"编辑"菜单: 紧邻文件菜单右侧的是"编辑"菜单,"编辑"菜单是编辑文本时常用
的选项集合,见图 2-19。

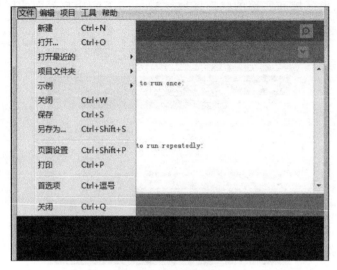

图 2-18 "文件"菜单

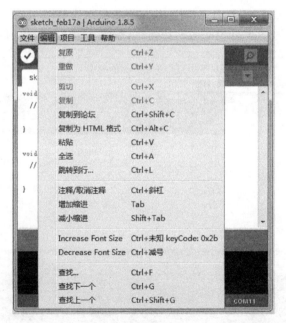

图 2-19 "编辑"菜单

(3)"项目"菜单:"项目"菜单包括与程序相关的菜单项,见图 2-20。

(4)"工具"菜单:"工具"菜单是一个与 Arduino 开发板相关的工具和设置集合。由于经常使用,这里给出一些菜单项的简要介绍,见图 2-21。

自动格式化:可以整理代码的格式,包括缩进、括号,使程序更易读和规范。

修正编码并重新加载:在打开一个程序时,发现由于编码问题导致无法显示程序中的

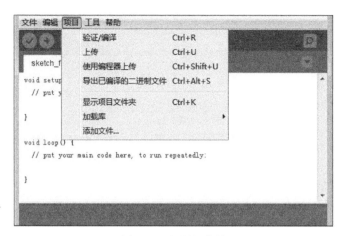

图 2-20 "项目"菜单

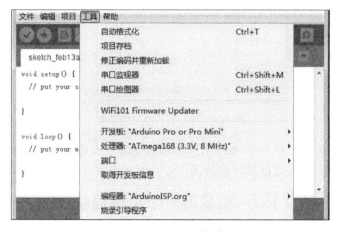

图 2-21 "工具"菜单

非英文字符时,可使用这个功能。如一些汉字无法显示或者出现乱码时,可以使用另外的编码方式重新打开文件。

串口监视器:这是一个非常实用而且常用的选项,类似即时聊天的通信工具,PC 与 Arduino 开发板连接的串口"交谈"的内容会在该串口监视器中显示出来,如图 2-22 所示。

在串口监视器运行时,如果要与 Arduino 开发板通信,需要在串口监视器顶部的输入栏中输入相应的字符或字符串,然后单击"发送"按钮,就可以发送信息给 Arduino。

需要注意的是,在使用串口监视器时,需要先设置串口波特率,当 Arduino 与 PC 的串口波特率相同时,两者才能够进行通信。Windows 系统的串口波特率的设置在计算机设备管理器的端口属性中设置。

开发板:用来选择串口连接的 Arduino 开发板型号,当连接不同型号的开发板时,需要根据开发板的型号到"板卡"选项中选择相应的开发板。

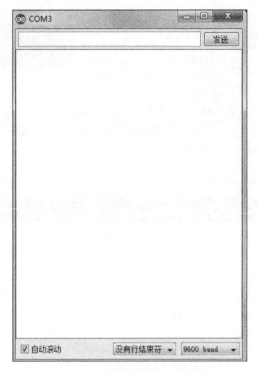

图 2-22　Arduino 串口监视器

（5）"帮助"菜单：使用 Arduino IDE 时，可以迅速查找帮助的选项集合。包括快速入门、问题排查和参考手册，可以及时帮助使用者了解开发环境，解决一些遇到的问题。

2.3.2　快速入门——加载第一个示例程序

1. 开发板连接计算机和 Arduino UNO 驱动安装

将数据线的圆口一端插在 Arduino UNO 板上，将数据线的扁口一端插在计算机的 USB 接口上，如图 2-23 所示。

插好后，Arduino 控制板上的电源指示灯会被点亮，如果使用官方的 Arduino UNO R3 板，Arduino UNO R3 板上的 USB 驱动程序会自动安装，并提示安装成功，可以在"计算机管理"中查询到安装的 COM 口（每个板卡的 COM 口不同，例如，这个板卡为 COM8）。

如果使用的不是官方的 Arduino UNO 板，由于板上采用的 USB 转 TTL 芯片为 FT232R，这时计算机上会出现一个对话框，提示找到了名为 FT232R USB UART 的新 USB 设备，如图 2-24 所示。

接下来的步骤需要安装 Arduino 所需的驱动程序，选中"从列表或指定位置安装（高级）"单选按钮后，单击"下一步"按钮，出现如图 2-25 所示的对话框。

图 2-23　开发板连接计算机

图 2-24　找到新的硬件向导

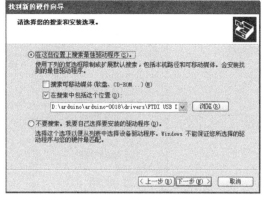

图 2-25　搜索与安装选项

　　Arduino 的 USB 驱动位于 Arduino 0018 安装目录下的 drivers 目录中(每台计算机的安装目录不同)，需要为 Windows 指明该目录为安装驱动时搜索的目录，单击"浏览"按钮，选择 drivers 文件夹下面的 FTDI USB Drivers 目录。单击"下一步"按钮后，Windows 就开始查找并安装 Arduino 的 USB 驱动程序，如图 2-26 所示。

　　稍后会出现如图 2-27 所示的对话框。

图 2-26　安装 USB 驱动

图 2-27　完成安装

　　单击"完成"按钮，这样驱动程序就安装好了，下次再将数据线连到计算机时，就不会出现安装驱动对话框了。

　　Arduino 的 USB 驱动安装成功之后，就可以在 Windows 设备管理器中找到相应的 Arduino 串口了，如图 2-28 所示。

2. 第一个程序实验

　　Arduino UNO 开发板上有一个红色 LED 灯，连接到 ATmega328 的 PB5 I/O 口上，Arduino 定义为 D13。第一个程序将使 LED 灯以亮 1s 灭 1s 的方式交替闪亮。

图 2-28 设备管理器

(1) 选择开发板。

在 Arduino IDE 界面,打开"工具"菜单,将鼠标指针移动到"开发板"选项,选择开发板型号,例如,选择 Arduino/Genuino Uno,如图 2-29 所示。

然后打开"工具"菜单,在"端口"的各选项中选择"串行端口",即 USB 映射的串口地址,如图 2-30 所示。

(2) 加载让 LED 灯闪烁的示例程序。

如图 2-31 所示,打开"文件"菜单,在弹出的下拉菜单中将鼠标指针移动到"示例"选项,在右边出现扩展菜单,将鼠标指针移动到 1. Basics 选项后,继续展开扩展菜单,选择 Blink 选项,会弹出一个 Arduino 编程界面,如图 2-32 所示。

在图 2-32 中单击右箭头按钮,IDE 自动完成"编译""上传"功能。经过短暂的几秒烧写之后,Arduino 主板上有两个黄色的灯会闪一阵,随着两个闪烁的黄色灯熄灭,会发现开发

图 2-29 选择开发板

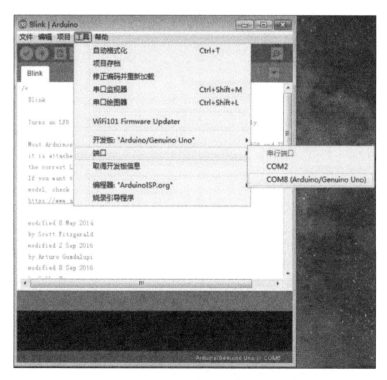

图 2-30 选择串行端口

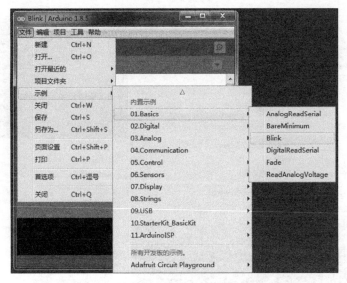

图 2-31　加载示例程序

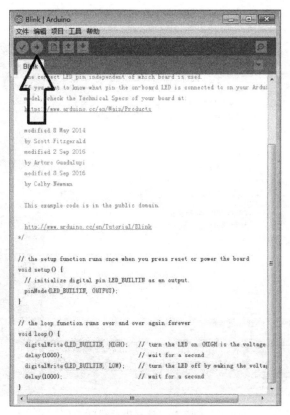

图 2-32　编译上传程序

板的串口指示灯闪烁了数次,之后再看状态区域,其中会显示"下载成功"和"二进制程序大小 1018 字节"的字样,第一个 Arduino 程序就成功运行了。

提示成功之后,Arduino UNO 主板上的 LED 灯以每秒 1 次的节奏亮灭。

至此,你的第一个程序已经成功了!

2.3.3　第一个程序的背后

前面运行了第一个 Arduino 程序——让开发板上的 LED 灯闪烁。让我们再思考一下背后发生的事情,IDE 是如何用编写好的 Arduino 程序来驱动单片机工作的呢?

在 Arduino IDE 中,用 Arduino 语言编程并下载程序到开发板的过程,实际上是编译器将程序翻译为机器语言(即二进制语言)并下载到开发板的过程。因为单片机上不具备直接编程的环境,所以程序的编译在 PC 上进行。

第 1 步:编译与链接。

写好的程序在编译器翻译成机器语言之前,需要检查程序是否存在语法错误,例如,函数未定义或者使用错误、不符合程序框架、变量类型不正确等,编译器都会尽职尽责地检查出来,并明确错误位置。没有编译器,程序编写好后将无法进行解释和分析,也就无法转化成相应的机器语言。

Arduino IDE 把程序和一些模板程序一起交给 AVR GCC 编译器,然后将编译出来的目标代码和标准 Arduino 库以及 avr-libc(开源的 AVR 单片机的 C 库)链接在一起。

第 2 步:汇编。

利用 AVR 的二进制工具,将上一步生成的汇编代码转换成机器码,产生最终的可执行映像,并以 HEX 文件格式存在。HEX 文件用来把二进制映像编码成文本的格式。

第 3 步:BootLoader 烧写程序。

烧写程序是由引导装载固件程序完成的。BootLoader 在 AVR 的程序存储器的特殊位置,可配置成在芯片上电或重启时运行,Arduino 软件在编译 Arduino 程序的时候告诉编译器要跳过这个区域。Arduino IDE 根据电路板类型和串口的设置以及其他一些配置项驱动上传程序,计算机将二进制指令传送到单片机程序闪存中,单片机识别指令后进行工作。图 2-33 说明了在 IDE 中编写的程序的运行流程。

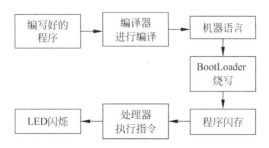

图 2-33　在 IDE 中编写的程序在开发板上的运行流程

第 3 章

简洁的 Arduino 语言

Arduino 使用 C/C++ 语言编写程序，它的语法是建立在 C/C++ 基础上的，其实就是基础的 C 语法。在一般情况下，C 语言要求一个源程序不论由多少个文件组成，都必须有且仅有一个主函数，即 main() 函数。C 语言程序执行是从主函数开始的。但在 Arduino 中，主函数 main() 已经在内部定义了，开发者只需要完成 setup() 函数和 loop() 函数，就能够完成 Arduino 程序的编写。其中，setup() 函数负责 Arduino 程序的初始化部分，loop() 函数负责 Arduino 程序的执行部分。

下面重点介绍 Arduino 程序的架构、数据类型、数据运算、程序结构、函数的使用。

3.1　语言概览

Arduino 语言很简洁，在官网[①]上可以查询到最新版本的语言参考，图 3-1 所示为

图 3-1　官网的语言参考

---

① 　https://www.arduino.cc/reference/en/

Arduino 语言参考 2019 版。

Arduino 语言主要由程序结构、变量、函数三大部分组成,见表 3-1。标注为"Arduino"的为 Arduino 所特有,标注为"标准 C"的与标准 C 语言一致。

表 3-1　Arduino 语言参考

结构、流程、运算		变量、注释		Arduino 函数	
setup()	Arduino	HIGH｜LOW	Arduino	数字 I/O	
loop()	Arduino	INPUT｜OUTPUT	Arduino	pinMode()	Arduino
程序流程控制		true｜false	标准 C	digitalWrite()	Arduino
if	标准 C	整型常量	标准 C	digitalRead()	Arduino
if...else	标准 C	浮点数常量	标准 C	模拟 I/O	
for	标准 C	数据类型	标准 C	analogReference()	Arduino
switch case	标准 C	void	标准 C	analogRead()	Arduino
while	标准 C	boolean	标准 C	analogWrite()	Arduino
do...while	标准 C	char	标准 C	高级 I/O	
break	标准 C	unsigned char	标准 C	shiftOut()	Arduino
continue	标准 C	byte	标准 C	pulseIn()	Arduino
return	标准 C	int	标准 C	计时及延时	
goto	标准 C	unsigned int	标准 C	millis()	Arduino
算术运算符		word	标准 C	delay(ms)	Arduino
＋（加）	标准 C	long	标准 C	delayMicroseconds(μs)	Arduino
－（减）	标准 C	unsigned long	标准 C	数学库	
*（乘）	标准 C	float	标准 C	min()	Arduino
/（除）	标准 C	double	标准 C	max()	Arduino
%（取模）	标准 C	string	标准 C	abs()	Arduino
比较运算符		String(c＋＋)	标准 C	constrain()	Arduino
==（等于）	标准 C	array	标准 C	map()	Arduino
!=（不等于）	标准 C	数据类型转换	标准 C	pow()	Arduino
<（小于）	标准 C	char()	标准 C	sqrt()	Arduino
>（大于）	标准 C	byte()	标准 C	三角函数	
<=（小于或等于）	标准 C	int()	标准 C	sin(rad)	Arduino
>=（大于或等于）	标准 C	word()	标准 C	cos(rad)	Arduino
布尔运算符		long()	标准 C	tan(rad)	Arduino
&&（逻辑与）	标准 C	float()	标准 C	随机数	
||（逻辑或）	标准 C	变量作用域	标准 C	randomSeed()	Arduino
!（逻辑非）	标准 C	static（静态变量）	标准 C	random()	Arduino
指针运算符		volatile（易变变量）	标准 C	random()	Arduino
*（指针运算符）	标准 C	const（固定变量）	标准 C	位操作	
&（地址运算符）	标准 C	辅助工具	标准 C	lowByte()	Arduino
位运算		sizeof()	标准 C	highByte()	Arduino

续表

结构、流程、运算		变量、注释		Arduino 函数	
&（位与）	标准 C	扩展语法	标准 C	bitRead()	Arduino
|（位或）	标准 C	;（分号）	标准 C	bitWrite()	Arduino
^（位异或）	标准 C	{（大括号）	标准 C	bitSet()	Arduino
~（位非）	标准 C	//（单行注释）	标准 C	bitClear()	Arduino
<<（左移）	标准 C	/ ** /（多行注释）	标准 C	bit()	Arduino
>>（右移）	标准 C	#define（宏定义）	标准 C	设置中断函数	
复合运算符	标准 C	#include(包含)	标准 C	attachInterrupt()	Arduino
++（自加）	标准 C		标准 C	detachInterrupt()	Arduino
——（自减）	标准 C			interrupts()	Arduino
+=（复合加）	标准 C			noInterrupts()	Arduino
—=（复合减）	标准 C			主要串口通信函数	
*=（复合乘）	标准 C			begin()	Arduino
/=（复合除）	标准 C			available()	Arduino
&=（复合与）	标准 C			read()	Arduino
|=（复合或）	标准 C			flush	Arduino
				print()	Arduino
				println()	Arduino
				write()	Arduino
				peak()	Arduino
				serialEvent()	Arduino

3.2　Arduino 语言基础

3.2.1　程序的架构

Arduino 程序的架构大体可以分为 3 部分,如程序 3-1 所示。

```
1   /************************************************************
2    * 程序 3-1: Arduino 程序的架构
3    ************************************************************/
4   int tmpPin = 8; //在最前面定义变量,把引脚号赋值给某变量
5   void setup()
6   {
7       //在这里填写 setup()函数代码,它只运行一次
8   }
9   void loop()
10  {
11      //在这里填写 loop()函数代码,它会不断重复运行
12  }
```

（1）声明变量和接口名称。

（2）setup()。Arduino程序运行时,首先要调用setup()函数,一般放在程序开头,用于初始化变量、设置引脚的输出/输入类型、配置串口、引入类库文件等。

每次Arduino上电或重启后,setup()函数只运行一次。

（3）loop()。loop()函数用于执行程序,是一个死循环,其中的代码将被循环执行,用于完成程序的功能,如读入引脚状态、设置引脚状态等。

3.2.2 数据类型

Arduino与C语言类似,所有的数据都必须指定数据类型。数据类型在数据结构中的定义是值的集合及在这个值的集合上的一组操作。各种数据类型都需要在特定的地方使用。一般来说,变量的数据类型决定如何将代表这些值的位存储到计算机的内存中,在声明变量时,需要指定它的数据类型,以便存储不同类型的数据。

常用的数据类型有整型、浮点型、布尔型、字符型、字节型、数组及字符串等。

（1）整型。整型即整数类型。Arduino可以使用的整数类型及取值范围见表3-2。

表 3-2 Arduino 支持的整数类型及取值范围

整 数 类 型	比特数	取 值 范 围	示　　例
有符号基本整型 [signed] int	16	−32 768～+32 767	int a＝−3;
无符号基本整型 unsigned int	16	0～65 535	unsigned int b ＝ 3267;
有符号长整型 long [int]	32	−2 147 483 648～+2 147 483 647	long c＝−4235;
无符号长整型 unsigned long [int]	32	0～+4 294 967 296	unsigned long d＝1000;

（2）浮点型。浮点型其实就是平常所说的实数。Arduino有float(单精度)和double(双精度)两种浮点型。浮点数可以用来表示含有小数点的数,如1.24。float浮点型数据占4字节的内存;double浮点型数据占8字节的内存。双精度浮点型数据比单精度浮点型数据的精度更高。

（3）布尔型。布尔型(boolean)变量的值有两个,即假(false)和真(true)。布尔值是一种逻辑值,可以用来进行计算。最常用的布尔运算符为:与运算(&&)、或运算(||)及非运算(!)。表3-3为布尔运算真值表。

表 3-3 布尔运算真值表

A	B	A 与 B	A 或 B	A 非
True	True	True	True	False
True	False	False	True	False

A	B	A 与 B	A 或 B	A 非
False	True	False	True	True
False	False	False	False	True

对于 A&&B,仅当 A 和 B 均为真时,运算结果才为真;否则,运算结果为假。对于 A‖B 运算,仅当 A 和 B 均为假时,运算结果才为假;否则,运算结果为真。对于!A 运算,当 A 为真时,运算结果为假;当 A 为假时,运算结果为真。

(4) 字符型。字符型(char)变量可以用来存放字符,数值范围为−128~+128,如:

```
char A = 58;
```

(5) 字节型。字节型(byte)变量可用 1 字节来存储 8 位无符号数,数值范围为 0~255,如:

```
byte B = 8;
```

(6) 数组。数组是由一组具有相同数据类型的数据构成的集合。数组中的每一个数据都具有相同的数据类型,可用一个统一数组名和下标来唯一确定数组中的每个数据。Arduino 的数组是基于 C 语言的。本节只简单介绍如何定义和使用数组。

数组的声明和创建与变量一致,下面是一些创建数组的实例:

```
int arraylnts[6];
int arrayNums[] = {2,4,6,8,11};
int arrayVals[6] = {2,4, − 8,3,5,7};
char arrayString[7] = "Anlaino";
```

由实例可以看出,Arduino 数组的创建可以指定初始值,如果没有指定初始值,则编译器默认为 0;同时,如果不指定数组的大小,则编译器在编译时会通过计算数据的个数来指定数组的大小。

数组被创建之后,可以指定数组中某个数据的值:

```
int intArray[5];
intArray[2] = 2;
```

数组是从零开始索引的。也就是说,数组被初始化之后,其中第一个数据的索引为 0,如上例所示,arrayVals[0]=2,0 为数组第一个元素 2 的索引号,以此类推,在这个包含 6 个元素的数组中,5 是最后一个元素 7 的索引号,即 arrayVals[5]=7,而 arrayVals[6]是无效的,它将会是任意的随机信息(内存地址)。

程序 3-2 先创建了一个数组,然后在 for 循环中,将数组中的每一个数据送到串口打印。

```
1    /*************************************************
2     *  程序 3 - 2: 数组的使用
3     **************************************************/
4    void setup()
5    {
6       //定义长度为 10 的数组
7       int intArray[10] = {1,2,3,4,5,6,7,8,9,10};
8       int i;
9       for(i = 0; i < 10; i = i + 1)            //循环遍历数组
10      {
11         Serial.println(intArray[i]);         //打印数组元素
12      }
13   }
14   void loop()
15   {
16   }
```

（7）字符串。字符串的定义方式有两种：一种是以字符型数组的方式定义的，另一种是用 String 类型定义的。

以字符型数组方式定义的语句为：

```
char 字符串名称[字符个数];
```

以字符型数组方式定义字符串的使用方法与数组的使用方法一致，有多少个字符就占用多少字节的存储空间。

在大多数情况下都使用 String 类型来定义字符串。该类型提供了一些操作字符串的成员函数，使字符串使用起来更为灵活。其定义语句为：

```
String 字符串名称;
```

字符串既可以在定义时赋值，也可以在定义以后赋值。假设定义一个名为 str 的字符串，则下面两种方式是等效的：

```
String str;
str = "Arduino";
```

或者

```
String str = "Arduino";
```

3.2.3　数据运算

最常用的 Arduino 运算符包括赋值运算符、算术运算符、关系运算符、逻辑运算符及递增/减运算符。

(1) 赋值运算符。

＝(等于)为指定某个变量的值,如 A＝x,将变量 x 的值放入变量 A 中。

＋＝(加等于)为加上某个变量的值,如 B＋＝x,将变量 B 的值与变量 x 的值相加,将二者的和放入变量 B 中,与 B＝B＋x 表达式相同。

－＝(减等于)为减去某个变量的值,如 C－＝x,将变量 C 的值减去变量 x 的值,差放入变量 C 中,与 C＝C－x 表达式相同。

＊＝(乘等于)为乘以某个变量的值,如 D＊＝x,将变量 D 的值与变量 x 的值相乘,积放入变量 D 中,与 D＝D＊x 表达式相同。

/＝(除等于)为除以某个变量的值,如 E/＝x,将变量 E 的值除以变量 x 的值,商放入变量 E 中,与 E＝E/x 表达式相同。

％＝(取余等于)为对某个变量的值取余数,如 F％＝x,将变量 F 的值除以变量 x 的值,余数放入变量 F 中,与 F＝F％x 表达式相同。

&＝(与等于)为对某个变量的值按位进行与运算,如 G&＝x,将变量 G 的值与变量 x 的值进行 AND 运算,结果放入变量 G 中,与 G＝G&x 表达式相同。

|＝(或等于)为对某个变量的值按位进行或运算,如 H|＝x,将变量 H 的值与变量 x 的值进行 OR 运算,结果放入变量 H 中,与 H＝H|x 表达式相同。

^＝(异或等于)为对某个变量的值按位进行异或运算,如 I^＝x,将变量 I 的值与变量 x 的值进行 XOR 运算,结果放入变量 I 中,与 I＝I^x 表达式相同。

<<＝(左移等于)为将某个变量的值按位进行左移,如 J<<＝n,将变量 J 的值左移 n 位,与 J＝J<<n 表达式相同。

>>＝(右移等于)为将某个变量的值按位进行右移,如 K>>＝n,将变量 K 的值右移 n 位,与 K＝K>>n 表达式相同。

(2) 算术运算符。

＋(加)为对两个值求和,如 A＝x＋y,将变量 x 与 y 的值相加,和放入变量 A 中。

－(减)为对两个值相减,如 B＝x－y,将变量 x 的值减去变量 y 的值,差放入变量 B 中。

＊(乘)为对两个值相乘,如 C＝x＊y,将变量 x 与 y 的值相乘,积放入变量 C 中。

/(除)为对两个值相除,如 D＝x/y,将变量 x 的值除以变量 y 的值,商放入变量 D 中。

％(取余)为对两个值做取余运算,如 E＝x％y,将变量 x 的值除以变量 y 的值,余数放入变量 E 中。

(3) 关系运算符。

＝＝(相等)为相等关系运算符,如 x＝＝y,若变量 x 与 y 的值相等,则其结果为 1,不相等则其结果为 0。

!＝(不相等)为不相等关系运算符,如 x!＝y,若变量 x 与 y 的值不相等,则其结果为 1,相等则其结果为 0。

<(小于)为小于关系运算符,如 x<y,若变量 x 的值小于变量 y 的值,则其结果为 1,否则其结果为 0。

> (大于)为大于关系运算符,如 x>y,若变量 x 的值大于变量 y 的值,则其结果为 1,否则其结果为 0。

<=(小于或等于)为小于或等于关系运算符,如 x<=y,若变量 x 的值小于或等于变量 y 的值,则其结果为 1,否则其结果为 0。

>=(大于或等于)为大于或等于关系运算符,如 x>=y,若变量 x 的值大于或等于变量 y 的值,则其结果为 1,否则其结果为 0。

(4)逻辑运算符。

&&(与运算)为对两个表达式的布尔值进行按位与运算,如(x>y)&&(x<z),若变量 x 的值大于变量 y 的值并且若变量 x 的值小于变量 z 的值,则其结果为 1,否则其结果为 0。

||(或运算)为对两个表达式的布尔值进行按位或运算,如(x>y)||(x<z),若变量 x 的值大于变量 y 的值或者变量 x 的值小于变量 z 的值,则其结果为 1,否则其结果为 0。

!(非运算)为对某个布尔值进行非运算,如!(x>y),若变量 x 的值大于变量 y 的值,则其结果为 0,否则其结果为 1。

(5)递增/减运算符。

++(加 1)为将运算符左边的值自动增 1,如 x++,将变量 x 的值加 1,表示在 x 使用后,再使 x 值加 1。

——(减 1)为将运算符左边的值自动减 1,如 x——,将变量 x 的值减 1,表示在使用 x 后,再使 x 值减 1。

3.3　程序结构

任何复杂的算法都可以由顺序结构、循环结构及选择结构这 3 种基本结构组成,在构造算法时也仅以这 3 种结构作为基本单元。一个复杂的程序可以被分解为若干个结构和若干层子结构,从而使程序结构的层次分明、清晰易懂,易于进行正确性的验证和纠正程序中的错误。

3.3.1　顺序结构

在 3 种程序结构中,顺序结构是最基本、最简单的程序组织结构。在顺序结构中,程序按语句的先后顺序依次执行。一个程序或者一个函数在整体上是一个顺序结构,由一系列语句或者控制结构组成。这些语句与控制结构都按先后顺序运行。

程序 3-3 中的 loop()函数的 4 条语句就是顺序执行的。

```
1   /***********************************************
2    * 程序 3-3: 顺序结构
3    *********************************************** /
4   int ledPin = 13;
```

```
5    int delayTime = 1000;
6    void setup()
7    {
8      pinMode(ledPin,OUTPUT);
9    }
10   void loop()
11   {
12     digitalWrite(ledPin,HIGH);              //点亮 LED
13     delay(delayTime);                       //延时
14     digitalWrite(ledPin,LOW);               //熄灭 LED
15     delay(delayTime);                       //延时
16   }
```

delay()函数使程序暂停设定的时间(ms),例如,delay(500)即为延时500ms。

3.3.2 选择结构

选择结构又称为选取结构或分支结构。编程过程经常需要根据当前的数据做出判断后,再进行不同的选择。这时就会用到选择结构,即针对同一个变量,根据不同的值,程序执行不同的语句。

选择语句有以下两种形式。

(1) if 语句。

if 语句是最常用的选择结构实现方式,当给定的表达式为真时,就会执行其后的语句。if 语句有 3 种结构形式。

第一种是简单分支结构,语法结构为:

```
if(表达式)
{
    语句;
}
```

程序 3-4 通过改变延时时间来控制小灯由慢到快进行闪烁,到达一定的频率后恢复初始频率。

```
1    /*********************************************************
2    * 程序 3-4: if 语句的使用
3    *********************************************************/
4    int ledPin = 13;
5    int delayTime = 1000;
6    void setup()
7    {
8      pinMode(ledPin,OUTPUT);
9    }
10   void loop()
```

```
11  {
12    digitalWrite(ledPin,HIGH);                    //点亮小灯
13    delay(delayTime);                             //延时
14    digitalWrite(ledPin,LOW);                     //熄灭小灯
15    delay(delayTime);
16    delayTime = delayTime - 100;                  //每次将延时时间减少 0.1s
17    if(delayTime < 100)
18    {
19      delayTime = 1000;                           //当延时时间少于 0.1s 时,重设为 1s
20    }
21  }
```

该程序用到了 if 条件判断语句,每次运行到 if 语句时都会进行判断,在 delayTime >= 100 时,大括号里面的 delayTime=1000 是不执行的,进入下一次循环;当 delayTime < 100 时,delayTime=1000 被执行,delayTime 的值变为 1000,进入下一次循环。

第二种是双分支结构,语法结构为:

```
if(表达式)
{
    语句 1;
}
else
{
    语句 2;
}
```

该结构增加了一个 else 语句,当给定表达式的结果为假时,便会运行 else 后的语句。程序 3-5 与程序 3-4 实现的功能相同,但利用了双分支结构。

```
1   /*********************************************************
2    * 程序 3-5:双分支结构 if 语句的使用
3    ********************************************************* /
4   int ledPin = 13;
5   int delayTime = 1000;
6   void setup()
7   {
8     pinMode(ledPin,OUTPUT);
9   }
10  void loop()
11  {
12    digitalWrite(ledPin,HIGH);                    //点亮小灯
13    delay(delayTime);                             //延时
14    digitalWrite(ledPin,LOW);                     //熄灭小灯
15    delay(delayTime);
```

```
16    if(delayTime < 100)
17    {
18      delayTime = 1000; //当延时时间少于0.1s时,重设为1s
19    }
20    else
21    {
22      delayTime = delayTime - 100; //每次将延时时间减少0.1s
23    }
24  }
```

第三种结构为多分支结构,可以判断多种情况,语法结构为:

```
if(表达式1)
{
    语句1;
}
else if(表达式2)
{
    语句2;
}
else if(表达式3)
{
    语句3;
}
else
{
    语句4;
}
…
```

程序3-6可使小灯的闪烁频率在不同的时间段内保持一定的闪烁频率,达到一定的时间后,重新恢复初始的闪烁频率。

```
1   /**********************************************************
2    * 程序3-6:多分支结构if语句的使用
3    **********************************************************/
4   int ledPin = 13;
5   int delayTime = 1000;
6   void setup()
7   {
8     pinMode(ledPin,OUTPUT);
9   }
10  void loop()
11  {
```

```
12    digitalWrite(ledPin,HIGH);              //点亮小灯
13    delay(delayTime);                       //延时
14    digitalWrite(ledPin,LOW);               //熄灭小灯
15    delay(delayTime);
16    if(delayTime > 800 && delayTime < = 1000)
17    {
18      delayTime = delayTime − 100;          //每次将延时时间减少 0.1s
19    }
20    else if(delayTime > 500 && delayTime < = 800)
21    {
22      delayTime = delayTime − 50;           //每次将延时时间减少 0.05s
23    }
24    else if(delayTime > 200 && delayTime < = 500)
25    {
26      delayTime = delayTime − 20;           //每次将延时时间减少 0.02s
27    }
28    else
29    {
30      delayTime = 1000;                     //将延时时间重新设定为 1s
31    }
32  }
```

（2）switch…case 语句。

处理比较复杂的问题时，可能会存在很多选择分支的情况，如果还使用 if 的结构编写程序，则会使程序冗长，可读性差，此时可以使用 switch…case 语句。switch…case 语句的语法结构为：

```
switch(表达式 1)
{
    case 常量表达式 1:
      语句 1;
      break;
    case 常量表达式 2:
      语句 2;
      break;
    case 常量表达式 3:
      语句 3;
      break;
    …
    default:
      语句 n;
      break;
}
```

switch 结构会将 switch 语句后的表达式与 case 后的常量表达式进行比较，如果相符，

则运行常量表达式所对应的语句；如果不相符，则会运行 default 后的语句。

程序 3-7 判定一个给定值，当给定值为 1 时，红灯闪烁；当给定值为 2 时，绿灯闪烁；当给定值为 3 时，蓝灯闪烁。

```
1   /*******************************************************
2    * 程序 3-7：多分支结构 switch 语句的使用
3    *******************************************************/
4   int ledRed = 5;
5   int ledGreen = 6;
6   int ledBlue = 7;
7   int num = 1;                 //可以改变该值为2、3,观察不同灯的闪烁情况
8   void setup()
9   {
10    pinMode(ledRed,OUTPUT);
11    pinMode(ledGreen,OUTPUT);
12    pinMode(ledBlue,OUTPUT);
13  }
14  void loop()
15  {
16    switch(num)
17    {
18    case 1:
19      digitalWrite(ledRed,HIGH);
20      delay(200);
21      digitalWrite(ledRed,LOW);
22      break;
23    case 2:
24      digitalWrite(ledGreen,HIGH);
25      delay(200);
26      digitalWrite(ledGreen,LOW);
27      break;
28    case 3:
29      digitalWrite(ledBlue,HIGH);
30      delay(200);
31      digitalWrite(ledBlue,LOW);
32      break;
33    }
34  }
```

3.3.3 循环结构

(1) for 循环语句。

for 循环语句可以控制循环的次数，语法结构为：

for(初始化；条件检测；循环状态)

```
{
    程序语句;
}
```

初始化语句是对变量进行条件初始化。条件检测语句是对变量的值进行条件判断。如果为真,则运行在 for 循环语句大括号中的内容;如果为假,则跳出循环。执行完大括号中的语句后,接着执行循环状态语句,然后重新执行条件检测语句。

程序 3-8 利用 for 循环,让小灯每闪烁 20 次,就暂停 3s。

```
1    /**********************************************************
2     * 程序 3-8: for 循环语句的使用
3     **********************************************************/
4    int ledPin = 13;
5    int delayTime = 100;                //定义小灯闪烁间隔 delayTime 为 0.1s
6    int count;                          //定义计数器变量
7    void setup()
8    {
9      pinMode(ledPin,OUTPUT);
10   }
11   void loop()
12   {
13     for(count = 0; count < 20; count++)
14     {
15       digitalWrite(ledPin,HIGH);
16       delay(delayTime);
17       digitalWrite(ledPin,LOW);
18       delay(delayTime);
19     }
20     delay(3000);                      //延时 3s
21   }
```

(2) while 循环语句。

while 循环语句的语法为:

```
while(条件语句)
{
  程序语句
}
```

当条件语句为真时,则执行循环中的程序语句;否则跳出 while 循环,执行后续语句。

程序 3-9 利用 while 循环,完成与程序 3-8 相同的功能(小灯每闪烁 20 次就暂停 3s)。

```
1    /**********************************************************
2     * 程序 3-9: while 循环语句的使用
3     **********************************************************/
```

```
4    int ledPin = 13;
5    int delayTime = 100;                          //定义小灯闪烁间隔 delayTime 为 0.1s
6    int count;                                    //定义计数器变量
7    void setup()
8    {
9      pinMode(ledPin,OUTPUT);
10   }
11   void loop()
12   {
13     count = 0;
14     while(count < 20)
15     {
16       digitalWrite(ledPin,HIGH);
17       delay(delayTime);
18       digitalWrite(ledPin,LOW);
19       delay(delayTime);
20       count ++;
21     }
22     delay(3000);                                //延时 3s
23   }
```

程序 3-8 与程序 3-9 的缺点是：虽然可以在一个 loop()函数中，通过 for 或 while 循环来完成闪灯 20 次后延时 3s 的要求，但是 loop()函数的执行时间过长。而在应用中，经常会在 loop()函数中检查是否有中断或者其他信号，如果单次 loop()执行时间较长，那么不可避免地会增加程序的响应时间。因此，比较而言，采用 if 语句和 count 计数器更好些。

程序清单 3-10 如下：

```
1    /************************************************************
2     * 程序 3-10: 使用 if 语句和 count 计数器的闪灯程序
3     ************************************************************/
4    int ledPin = 13;
5    int delayTime = 1000;                         //定义延时变量 delayTime 为 1s
6    int delayTime2 = 3000;                        //定义延时变量 delayTime2 为 3s
7    int count = 0;                                //定义计数器变量并初始化为 0
8    void setup()
9    {
10       pinMode(ledPin,OUTPUT);
11   }
12   void loop()
13   {
14       digitalWrite(ledPin,HIGH);
15       delay(delayTime);
16       digitalWrite(ledPin,LOW);
17       delay(delayTime);
```

```
18          count ++;
19          if(count == 20)
20          {
21              delay(delayTime2); //当计数器数值为 20 时,延时 3s
22              count = 0;
23          }
24      }
```

3.4 函数的使用

3.4.1 自己封装函数

以闪灯为例,LED 灯要闪烁 20 次,可以将闪灯这个功能封装到一个函数中,当多次需要闪灯时,便可以直接调用这个闪灯函数了。

```
1    /*******************************************************
2     * 程序 3 - 11: 自己封装函数
3     *******************************************************/
4    int ledPin = 13;
5    int delayTime = 1000;               //定义延时变量 delayTime 为 1s
6    int delayTime2 = 3000;              //定义延时变量 delayTime2 为 3s
7    int count;
8    void setup()
9    {
10     pinMode(ledPin,OUTPUT);
11   }
12   void loop()
13   {
14     for(count = 0; count < 20; count ++)    //调用 20 次闪烁函数
15     {
16       flash();
17     }
18     delay(delayTime2);               //延时 3s
19   }
20   void flash()                       //定义无参数的闪灯函数
21   {
22     digitalWrite(ledPin,HIGH);
23     delay(delayTime);
24     digitalWrite(ledPin,LOW);
25     delay(delayTime);
26   }
```

在该程序里,调用的 flash() 函数实际上就是 LED 闪烁的代码,相当于程序运行到这个函数时,便跳入到 4 行闪灯代码中,函数非常简单。

有些函数需要接收参数才能执行特定的功能。在这个例子中,flash()函数很简单,它没有任何返回值,而且也没有任何参数。

3.4.2　函数中的参数传递

所谓函数参数,就是函数中需要传递值的变量、常量、表达式、函数等。接下来的例子会将闪灯函数改造一下,使其闪烁时间可以变化。

```
1    /*************************************************************
2     * 程序 3-12:函数中的参数传递
3     *************************************************************/
4    int ledPin = 13;
5    int delayTime = 1000;                    //定义延时变量 delayTime 为 1s
6    int delayTime2 = 3000;                   //定义延时变量 delayTime2 为 3s
7    int count;
8    void setup()
9    {
10     pinMode(ledPin,OUTPUT);
11   }
12   void loop()
13   {
14     for(count = 0; count < 20; count++)
15     {
16       flash(delayTime);                    //调用 20 次闪烁灯光的函数,延时为 1s
17     }
18     delay(delayTime2);                     //延时 3s
19   }
20   void flash(int delayTime3)               //定义具有参数的闪灯函数
21   {
22     digitalWrite(ledPin,HIGH);
23     delay(delayTime3);
24     digitalWrite(ledPin,LOW);
25     delay(delayTime3);
26   }
```

在改进的闪灯例子中,flash()函数接收一个整型的参数 delayTime3,称为形参,全名为形式参数。形参是在定义函数名和函数体时使用的参数,目的是用来接收调用该函数时传递的参数,值一般不确定。形参变量只有在被调用时才分配内存单元,在调用结束时,即刻释放所分配的内存单元。因此,形参只在函数内部有效。函数调用结束并返回主调用函数后,则不能再使用该形参变量。

loop()函数中 flash()接收的参数 delayTime 称为实参,全名为实际参数。实参是传递给形参的值,具有确定的值。实参和形参在数量上、类型上、顺序上应严格一致,否则将会发生类型不匹配的错误。

3.4.3 非空类型的函数

如果是非空类型的函数,那么在构造函数时应注意函数的返回值应和函数的类型保持一致,在调用该函数时,函数返回值应和变量的类型保持一致。

下面的程序中包含一个比较两个整数大小的函数 Max(),并给出了这个具有返回值的函数的定义和调用。

```
1    /************************************************
2     * 程序 3 - 13: 非空类型的函数
3     ************************************************/
4    //定义求两个数最大值的函数
5    int Max( int a, int b)
6    {
7      if(a > = b)
8      {
9        return a;                //a > = b 时返回 a
10     }
11     else
12     {
13       return b;                //a < b 时返回 b
14     }
15   }
16   void setup()
17   {
18     int x = Max(10,20);        //调用 Max()函数
19     Serial.println(x);
20   }
21   void loop()
22   {
23   }
```

第 4 章

数字输入/输出

4.1　Arduino 的数字输入/输出口

Arduino 开发板(见图 4-1 和图 4-2)具有很多数字输入/输出引脚和模拟输入/输出引脚,单片机通过其中的数字 I/O 口(输入/输出口)输出高低电平来控制开关的闭合与断开、继电器的吸合与释放、指示灯的亮与灭、电机的启动与关闭等。

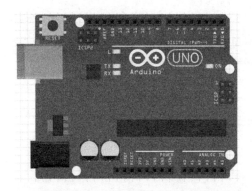

图 4-1　Arduino UNO 开发板示意图

图 4-2　Arduino UNO 开发板实物

在 Arduino 开发板上标明 DIGITAL 的这一排是数字 I/O 口,标明 A+数字开头的是模拟 I/O 口。需要注意的是,模拟 I/O 口可以当作数字 I/O 口使用,反过来却不行。

Arduino 用简洁的语句驱动 I/O 口来输出具有一定驱动能力的高低电平。本节将对如何使用这些引脚进行详细介绍。

4.1.1　数字 I/O 口配置语句

pinMode(pin,mode)语句配置引脚为输入或输出模式。

pin 表示引脚号,对应 Arduino UNO 开发板时为 0～19。Arduino 上的模拟引脚可当作数字引脚使用,模拟引脚 A0～A5 与编号 D14～D19 数字引脚相对应。

Mode 可设定该引脚为 OUTPUT(输出状态)、INPUT(输入状态)、INPUT_PULLUP

（输入模式内部拉高）。举例：

```
pinMode(13,OUTPUT);                    //将数字 13 引脚定义为输出
```

（1）OUTPUT 输出模式。

当一个引脚通过 pinMode 配置为 OUTPUT，并通过 digitalWrite 设置为 LOW 时，引脚的电压为 0V；当 digitalWrite 设置为 HIGH 时，引脚的电压应为 5V。

OUTPUT 模式将 I/O 口配置在一个低阻抗的状态，这意味着它们可以为电路提供充足的电流。ATmega 单片机引脚可以向其电路提供正电流或倒灌（负）电流达 40mA，可以为 LED 供电。在为继电器或电机供电时，由于电流不足，所以需要一些外接电路来实现供电。

正（拉）电流是指驱动负载的电流方向为从电路输出端流向负载；灌电流是指驱动负载的电流方向为从负载流向电路输出端。

（2）INPUT 输入模式。

此时，内部将引脚配置在高阻抗状态，等效于在引脚前串联一个 $100M\Omega$ 的电阻，在引脚读取外部传感器取样时，对传感器驱动能力要求很低，非常利于读取传感器。

（3）INPUT_PULLUP 输入模式内部拉高。

什么叫拉高呢？在为 Arduino 的引脚设定模式之后，如果未指定引脚的状态，则引脚会悬空，状态忽高忽低，拉高可使引脚保持高电平的状态。

芯片 Reset 复位后，所有 I/O 口的默认状态为输入方式，上拉电阻无效，即 I/O 为输入高阻的三态状态。

4.1.2 数字输出语句

digitalWrite(pin,value)语句为数字 I/O 口输出电平定义函数，pin 为数字引脚编号，value 表示为 HIGH 或 LOW。

如果一个引脚已经配置为 OUTPUT 模式，则其电压将被设置为相应的值。HIGH 为 5V(3.3V 控制板上为 3.3V)，LOW 为 0V。

注意：如果引脚配置为 INPUT 模式，那么当使用 digitalWrite() 写入 HIGH 值时，将使用内部 $20k\Omega$ 上拉电阻；当写入 LOW 时将会禁用上拉电阻。上拉电阻可以点亮一个 LED 让其微微亮，但是亮度很低。

4.1.3 数字 I/O 口输入语句

digitalRead(pin)语句读取指定引脚的电平状态。

pin 为引脚号。在读引脚之前需要将引脚设置为 INPUT 模式。如果引脚没有连接到任何地方，那么将随机返回 HIGH 或 LOW。

如果当前引脚的电压大于等于 2.5V，那么单片机将会返回 HIGH；如果当前引脚的电压小于等于 2.5V，那么将返回为 LOW。

注意：数字 13 号引脚不能作为数字输入使用，因为大部分的控制板通过一个 LED 与一个电阻连接到引脚 13。如果启动内部的 $20k\Omega$ 上拉电阻，那么其电压在 1.7V 左右，而不是正常的 5V，因为板载 LED 串联的电阻将其电压降了下来，所以返回的值总是 LOW。

4.2 简单数字输入/输出实验

4.2.1 按键开关控制 LED 灯亮灭

微课视频 1
按键控制
LED 灯亮灭

1. LED 发光二极管

由镓(Ga)、砷(As)、磷(P)的化合物制成的二极管，当电子空穴复合时能辐射出可见光，因而可以用来制成发光二极管(图 4-3)，简称为 LED。磷砷化镓二极管发红光，磷化镓二极管发绿光，碳化硅二极管发黄光。一个 LED 有两个引脚：负极(阴极)和正极(阳极)。一般情况下，LED 长引脚是正极，LED 内部电极体积小的是正极(部分红色 LED 相反)，LED 的电流流向是从正极流向负极。

LED 使用时必须串联限流电阻以控制通过 LED 的电流。在 5V 的数字逻辑电路中，可使用 220Ω 电阻作为限流电阻，此时流过 LED 的电流为 15mA。

LED 灯有两种连线方法：当采用如图 4-4(a)所示的接法时，数字 I/O 口输出低电平时 LED 亮；采用如图 4-4(b)所示的接法时，数字 I/O 口输出高电平时 LED 亮，在 Arduino UNO 板上 D13 是此种接法。

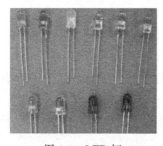

图 4-3 LED 灯

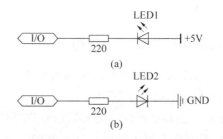

图 4-4 LED 灯的两种连线方法

2. 按键开关

按键开关有很多种类，有 2、4、5 个引脚，还有薄膜类按键(遥控器)，样式繁多但作用相同，各种按键如图 4-5 所示。

一个按键只有开或关两种状态，这些按键一般是传输信号，不能通过大电流，否则会导致触点损坏。在器件运行可靠的情况下，通过的电流越小越好，既可以降低功耗，也能延长器件使用寿命。

根据按键控制高低电平有效，可以分为两种连接方式，高电平有效如图 4-6 所示，低电平有效如图 4-7 所示。

图 4-5 各种按键

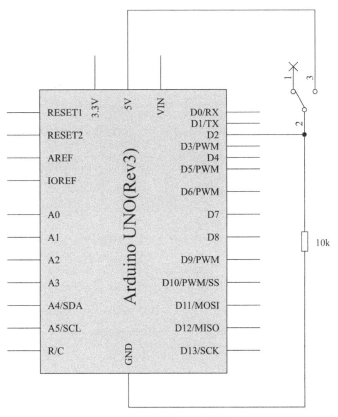

图 4-6　高电平有效连接电路图

3. 实验电路原理

本实验按键开关以低电平有效输入,用一个按键来控制 LED 的亮和灭。

Arduino UNO 板上的 D13 已经连接了 1 个 LED,当 D13 为 HIGH 时,LED 灯亮;D13 为 LOW 时,LED 灯灭。

实验要求是:当按键未被按下时,D2 电压为 5V,D13 电压为 5V,LED 灯亮;当按键按下时,D2 电压值为 0V,LED 灯熄灭。电路如图 4-7 所示,实物接线如图 4-8 和图 4-9 所示。

4. 示例程序说明

正如第 3 章所介绍的,Arduino 语言是以 setup()开头,以 loop()作为主体的一个程序构架。

setup()用于初始化变量、引脚模式、调用库函数等,此函数只是在开始时运行一次。本程序在 setup()中用数字 I/O 口输入/输出模式定义函数 pinMode(pin,mode),将数字的 D13 引脚设置为输出模式,D2 设置为输入模式,连接至按键。

loop()是一个循环函数,loop()函数内的语句会周而复始循环执行。

在 loop()中使用 if(digitalRead(2) == HIGH)检测 D2 引脚电平,并判断是否为 HIGH,如果为高电平,则 digitalWrite(13,HIGH),点亮串联电阻接地的 LED;反之,D13 输

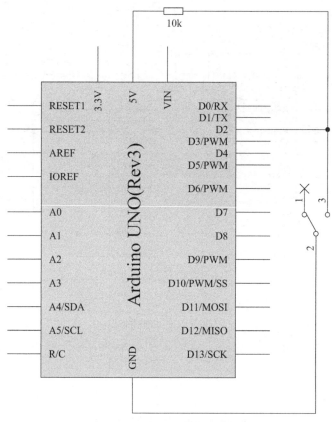

图 4-7 低电平有效电路图

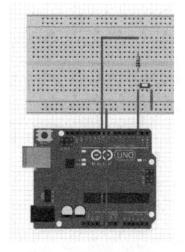

图 4-8 低电平有效示意图

图 4-9 低电平有效实物图

出 LOW,熄灭 LED 灯。

5. 程序的编译、下载

在 Arduino IDE 中录入程序,单击 IDE 上的右箭头按钮 ,编译、下载程序一键完成,
见图 4-10。

图 4-10 程序编译与下载

6. 程序运行结果

这时会观察到 UNO 板上 LED 灯亮,如图 4-11(a)所示。按下按键开关 LED 灯灭,如
图 4-11(b)所示。

(a) LED灯亮   (b) LED灯灭

图 4-11 按键控制 LED

7. 程序清单 4-1

```
1  /*********************************************************
2   * 程序 4-1:按键开关控制 LED 灯的亮灭
```

```
3       ********************************************************* /
4   void setup()
5   {
6       pinMode(13,OUTPUT);              //将引脚13设置为输出模式
7       pinMode(2,INPUT);               //按键连接在引脚2上,输入模式
8   }
9   void loop()
10  {
11      if(digitalRead(2) == HIGH)      //如果引脚2的状态为高电平
12      {
13          //让引脚13输出高电平,LED灯亮
14          digitalWrite(13,HIGH);
15      }
16      else                            //否则
17      {
18          //让引脚13输出低电平,LED灯灭
19          digitalWrite(13,LOW);
20      }
21  }
```

4.2.2 用一体化结构蜂鸣器模拟救护车笛声

1. 认识蜂鸣器

蜂鸣器是一种一体化结构的电子讯响器,采用直流电压供电,作为发声器件,广泛应用于计算机、打印机、复印机、报警器、电子玩具、汽车电子设备、电话机、定时器等电子产品中。蜂鸣器按其驱动方式可分为有源蜂鸣器(内含驱动线路)和无源蜂鸣器(外部驱动)。

有源蜂鸣器和无源蜂鸣器的外观如图4-12所示。

(a) 有源蜂鸣器　　(b) 无源蜂鸣器

图4-12　有源蜂鸣器和无源
蜂鸣器的外观

从外观上看,两种蜂鸣器好像一样,但两者的高度略有区别,有源蜂鸣器高度为9mm,而无源蜂鸣器的高度为8mm。如将两种蜂鸣器的引脚朝上放置时,可以看出有绿色电路板的是有源蜂鸣器,没有电路板而用黑胶封闭的是无源蜂鸣器。还可以用万用表电阻1kΩ挡测试:用黑表笔接蜂鸣器的"+"引脚,红笔在另一引脚上来回碰触,如果发出咔咔声,且电阻为8Ω(16Ω)的是无源蜂鸣器;如果能发出持续声音,且电阻在几百欧以上的,是有源蜂鸣器。有源蜂鸣器直接接上额定电源就可连续发声;而无源蜂鸣器则和电磁扬声器一样,需要接在音频输出电路中才能发声。

2. 蜂鸣器和喇叭的主要区别

蜂鸣器是有源器件,喇叭是无源器件,这里有源的源指振荡源。

(1) 蜂鸣器直接固定直流电压,通电即发出固定频率的声音。例如,电磁式蜂鸣器由振荡器、电磁线圈、磁铁、振动膜片及外壳等组成。接通电源后,振荡器产生的音频信号电流通

过电磁线圈,使电磁线圈产生磁场。振动膜片在电磁线圈和磁铁的相互作用下,周期性地振动发声。蜂鸣器只能用固定电压驱动,发声频率是出厂时就固定的;一些报警器只能发出"嘀、嘀"声响,这种一般都是蜂鸣器。

(2) 喇叭只有线圈、磁铁、振膜及外壳,少了振荡源。喇叭通过驱动器可以发出各种声音,如音响、MP3、耳机、手机上用的都是喇叭,声音频率是可以改变的。

3. 实验电路连接

本实验采用的无源蜂鸣器,由于蜂鸣器引脚间距正好等于 D11 和 GND 间距,可以直接将蜂鸣器的正极连接到数字 D11 口上,蜂鸣器的负极连接到 GND,如图 4-13 所示。

4. 程序说明

蜂鸣器发出声音的时间间隔不同,频率就不同,发出的声音就不同。根据这一原理,我们通过改变蜂鸣器发出声音的时间间隔,使其发出不同频率的声音来模拟各种声音。

图 4-13 无源蜂鸣器与 Arduino 的连接

本程序首先让蜂鸣器间隔 1ms 发出一种频率的声音,循环 80 次;接着让蜂鸣器间隔 2ms 发出另一种频率的声音,循环 100 次。

```
1    /************************************************
2    * 程序 4-2: 蜂鸣器发出声音
3    ************************************************/
4    int buzzer = 11;                        //设置控制蜂鸣器的数字 I/O 脚
5    void setup()
6    {
7        //设置数字 I/O 脚模式,OUTPUT 为输出
8        pinMode(buzzer,OUTPUT);
9    }
10   void loop()
11   {
12       unsigned char i;
13       for(i = 0; i < 80; i++)            //输出一个频率的声音
14       {
15           digitalWrite(buzzer,HIGH);     //发声音
16           delay(1);                      //延时 1ms
17           digitalWrite(buzzer,LOW);      //不发声音
18           delay(1);                      //延时 1ms
19       }
20       for(i = 0; i < 100; i++)           //输出另一个频率的声音
21       {
22           digitalWrite(buzzer,HIGH);     //发声音
23           delay(2);                      //延时 2ms
24           digitalWrite(buzzer,LOW);      //不发声音
25           delay(2);                      //延时 2ms
26       }
27   }
```

在 loop() 中使用的 while 也是一个循环语句。表达式是循环条件,语句是循环体。语义是:计算表达式的值,当值为真(非 0)时,执行循环体语句。

5. 运行结果

将程序下载到实验板后,可以听到蜂鸣器发出救护车笛声。掌握本程序后,大家可以在程序中自行设置时间间隔,调试出各种频率的声音。

4.3 复杂的数字 I/O 实验

4.3.1 多彩广告灯实验

1. 实验要求

本节实验是利用 6 个 LED 灯编程模拟广告灯的效果。通过对 LED 灯亮灭不同次序和时间的设置实现不同的效果,分为 3 个子程序。

2. 电路原理

多彩广告灯的电路原理图如图 4-14 所示。

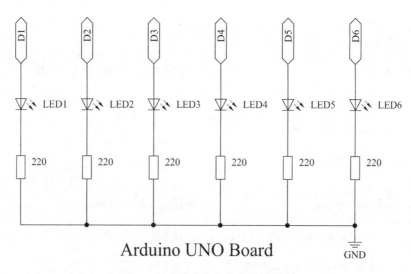

图 4-14 多彩广告灯的电路原理图

根据多彩广告灯电路原理图,将 Arduino 开发板和数据线连好,然后按照二极管的接线方法,将 6 个 LED 灯依次接到数字引脚 D1~D6 上,多彩广告灯实物连线如图 4-15 所示。

3. 程序说明

程序代码中用到:

```
void setup()
{
    for(i = 1; i <= 6; i++)
```

```
        pinMode(i,OUTPUT);
    }
```

for 循环的一般形式为：

for(<初始化>; <条件表达式>; <增量>)

初始化总是一个赋值语句 i＝1；条件表达式是一个关系表达式，它决定什么时候退出循环；i＋＋表示每次循环后值增加 1。

图 4-15 多彩广告灯实物连接

灯花样 1 子程序：LED 首先从左边绿灯开始间隔 200ms 依次点亮 6 个 LED 灯，接着从右边绿灯开始间隔 200ms 依次熄灭 6 个 LED 灯。

灯闪烁子程序：6 个 LED 灯首先全部点亮，接着延时 200ms，最后 6 个 LED 灯全部熄灭，这个过程循环两次就实现了闪烁效果。

灯花样 2 子程序：通过 k 和 j 值的设置使居于中间位置的两个黄灯亮，然后使居于这两个黄灯两侧的红灯亮，最后使居于最外侧的绿灯亮；程序执行一轮后，改变 k 和 j 的值，让两边最外侧的绿灯先熄灭，然后红灯熄灭，最后熄灭中间的两个黄灯。

灯花样 3 子程序：设置变量 k 和 j 的值，使 6 个 LED 灯按先两侧 2 个绿灯，然后 2 个红灯，最后到中间的 2 个黄灯的顺序依次点亮 400ms 后再熄灭；执行一轮后，改变变量 k 和 j 的值，使两个红灯亮 400ms 后熄灭，然后是两边的绿灯亮 400ms 后熄灭。

程序代码如下：

```
1   /***************************************************
2   * 程序 4-3：LED 灯亮灭的不同效果
3   *************************************************** /
4   //设置控制 LED 数字 I/O 脚
5   int Led1 = 1;
6   int Led2 = 2;
7   int Led3 = 3;
8   int Led4 = 4;
9   int Led5 = 5;
10  int Led6 = 6;
11  void setup()
12  {
13      unsigned char i;
14      for(i=1; i<=6; i++)              //依次设置1~6个数字引脚为输出模式
15      {
16          pinMode(i,OUTPUT);          //第 i 个引脚设置为输出模式
17      }
18  }
19  void loop() {
```

```
20      style_1();                          //样式1
21      flash();                            //闪烁
22      style_2();                          //样式2
23      flash();                            //闪烁
24      style_3();                          //样式3
25      flash();                            //闪烁
26  }
27  //LED灯花样1子程序
28  void style_1(void)
29  {
30      unsigned char j;
31      for(j = 1; j <= 6; j++)             //每隔200ms依次点亮1～6引脚相连的LED灯
32      {
33          digitalWrite(j,HIGH);           //点亮j引脚相连的LED灯
34          delay(200);                     //延时200ms
35      }
36      //每隔200ms依次熄灭6～1引脚相连的LED灯
37      for(j = 6; j >= 1; j--)
38      {
39          digitalWrite(j,LOW);            //熄灭j引脚相连的LED灯
40          delay(200);                     //延时200ms
41      }
42  }
43  //灯闪烁子程序
44  void flash(void)
45  {
46      unsigned char j,k;
47      for(k = 0;k <= 1;k++)               //闪烁两次
48      {
49          for(j = 1;j <= 6;j++)           //点亮1～6引脚相连的LED灯
50              digitalWrite(j,HIGH);       //点亮j引脚相连的LED灯
51          delay(200);                     //延时200ms
52          for(j = 1;j <= 6;j++)           //熄灭1～6引脚相连的LED灯
53              digitalWrite(j,LOW);        //熄灭j引脚相连的LED灯
54          delay(200);                     //延时200ms
55      }
56  }
57  //LED灯花样2子程序
58  void style_2(void)
59  {
60      unsigned char j,k;
61      k = 1;                              //设置k的初值为1
62      for(j = 3; j >= 1; j--)
63      {
```

```
64          digitalWrite(j,HIGH);                    //点亮灯
65          digitalWrite(j + k,HIGH);                //点亮灯
66          delay(400);                              //延时400ms
67          k  += 2;                                 //k值加2
68      }
69      k = 5;                                       //设置k值为5
70      for(j = 1; j <= 3; j++)
71      {
72          digitalWrite(j,LOW);                     //熄灭灯
73          digitalWrite(j + k,LOW);                 //熄灭灯
74          delay(400);                              //延时400ms
75          k  -= 2;                                 //k值减2
76      }
77  }
78  //LED灯花样3子程序
79  void style_3(void)
80  {
81      unsigned char j,k;                           //LED灯花样显示样式3子程序
82      k = 5;                                       //设置k值为5
83      for(j = 1; j <= 3; j++)
84      {
85          digitalWrite(j,HIGH);                    //点亮灯
86          digitalWrite(j + k,HIGH);                //点亮灯
87          delay(400);                              //延时400ms
88          digitalWrite(j,LOW);                     //熄灭灯
89          digitalWrite(j + k,LOW);                 //熄灭灯
90          k  -= 2;                                 //k值减2
91      }
92      k = 3;                                       //设置k值为3
93      for(j = 2; j >= 1; j--)
94      {
95          digitalWrite(j,HIGH);                    //点亮灯
96          digitalWrite(j + k,HIGH);                //点亮灯
97          delay(400);                              //延时400ms
98          digitalWrite(j,LOW);                     //熄灭灯
99          digitalWrite(j + k,LOW);                 //熄灭灯
100         k  += 2;                                 //k值加2
101     }
102 }
```

4. 运行结果

将程序下载到实验板后,可以观察到,6个LED不断地循环执行灯花样1子程序→闪烁子程序→灯花样2子程序→闪烁子程序→灯花样3子程序→闪烁子程序。这里只取其中两种状态,如图4-16所示。

图 4-16　多彩广告灯的实验结果

4.3.2　LED 数码管循环显示 1~8,每个数字显示 2s

1. 认识数码管

LED 数码管是由七段发光二极管(LED)封装在一起组成"8"字形的器件,外加一个小数点。数码管就是 8 个 LED 的并联,各 LED 阳极或阴极共用一个引脚。根据共用引脚的不同,七段码显示模块有共阴(Common Cathode,CC)和共阳(Common Anode,CA)两种类型。共阴设计就是指模块上所有 8 个独立的 LED 的阴极是被连接到一起的。LED 数码管外形及类型如图 4-17 所示。

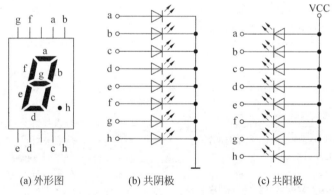

(a) 外形图　　　　(b) 共阴极　　　　(c) 共阳极

图 4-17　LED 数码管外形及类型

数码管有 8 个显示笔画,分别用"a,b,c,d,e,f,g,h"表示,其中 h 表示小数点,有时也称为 dp,上下共 10 个引脚,上方中间的引脚是公共极。通过驱动不同段的 LED 就能够显示不同的数字。例如,显示数字 5,只需点亮标号 a、c、d、f 和 g 灯即可。共阳极数码管和共阴极数码管从外形上无法区分,要注意型号的不同。图 4-18 为 5611AH 型号的共阴 LED 数码管引脚图及显示字符 n,对应码段标号 sn 和码段对应电平序列 cn。

本实验采用共阴极数码管,将公共极 COM 接到 GND。当某一字段发光二极管的阳极为高电平时,相应字段就点亮;当某一字段的阳极为低电平时,相应字段就不亮。

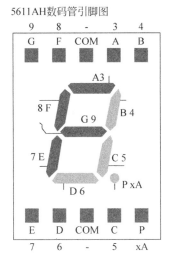

5611AH数码管引脚图

n	sn	cn
0	345678	0001111110
1	45	0000110000
2	34679	0001101101
3	34569	0001111001
4	4589	0000110011
5	35689	0001011011
6	356789	0001011111
7	345	0001110000
8	3456789	0001111111
9	345689	0001111011

图 4-18　5611AH 型号的共阴 LED 数码管引脚及显示字符对照

2．电路原理

由于数码管的每一段是由发光二极管组成,需要连接限流电阻,以免电流过大烧毁发光二极管。一般的接法是在 a～h 各脚中均接一个限流电阻,电路连接方法如图 4-19 所示。

如图 4-20 所示的电路是简化接法,将 a～h 脚分别接到 D2～D9 脚(注意引脚顺序),将公共极接 1kΩ 电阻后接 GND,这种接法少用 7 只电阻,缺点是 LED 的亮度可能会受显示内容影响而变化。

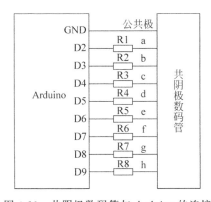

图 4-19　共阴极数码管与 Arduino 的连接

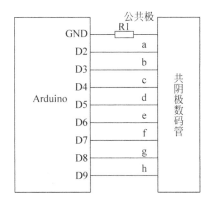

图 4-20　共阴极数码管与 Arduino 的简化连接

3．程序说明

程序 4-4 在函数 setup()前面定义了一系列的数字显示子程序,这些子程序可以方便地在 loop()中使用,使用时只需将子程序的名称写上即可。

将每个数字写成一个子程序。在主程序中每隔 2s 显示一个数字,让数码管循环显示

1～8数字。每个数字显示的时间由延时时间来决定,时间设置得越大,显示的时间就越长;时间设置得越小,显示的时间就越短。

LED数码管循环显示1～8的程序清单如下:

```
1    /***********************************************************
2     *  程序 4-4: LED 数码管循环显示
3     *********************************************************** /
4    int a = 2;
5    int b = 3;
6    int c = 4;
7    int d = 5;
8    int e = 6;
9    int f = 7;
10   int g = 8;
11   int dp = 9;
12   //显示数字 1
13   void digital_1(void)
14   {
15       digitalWrite(a,LOW);
16       digitalWrite(b,HIGH);                //点亮 b 段
17       digitalWrite(c,HIGH);                //点亮 c 段
18       digitalWrite(d,LOW);
19       digitalWrite(e,LOW);
20       digitalWrite(f,LOW);
21       digitalWrite(g,LOW);
22       digitalWrite(dp,LOW);                //熄灭小数点 dp 段
23   }
24   //显示数字 2
25   void digital_2(void)
26   {
27       digitalWrite(a,HIGH);                //点亮 a 段
28       digitalWrite(b,HIGH);                //点亮 b 段
29       digitalWrite(c,LOW);
30       digitalWrite(d,HIGH);                //点亮 d 段
31       digitalWrite(e,HIGH);                //点亮 e 段
32       digitalWrite(f,LOW);
33       digitalWrite(g,HIGH);                //点亮 g 段
34       digitalWrite(dp,LOW);                //熄灭小数点 dp 段
35   }
36   //显示数字 3
37   void digital_3(void)
38   {
39       digitalWrite(a,HIGH);                //点亮 a 段
40       digitalWrite(b,HIGH);                //点亮 b 段
41       digitalWrite(c,HIGH);                //点亮 c 段
```

```
42      digitalWrite(d,HIGH);               //点亮 d 段
43      digitalWrite(e,LOW);
44      digitalWrite(f,LOW);
45      digitalWrite(g,HIGH);               //点亮 g 段
46      digitalWrite(dp,LOW);               //熄灭小数点 dp 段
47  }
48  //显示数字 4
49  void digital_4(void)
50  {
51      digitalWrite(c,HIGH);
52      digitalWrite(b,HIGH);
53      digitalWrite(f,HIGH);
54      digitalWrite(g,HIGH);
55      digitalWrite(a,LOW);
56      digitalWrite(e,LOW);
57      digitalWrite(d,LOW);
58      digitalWrite(dp,LOW);
59  }
60  //显示数字 5
61  void digital_5(void)
62  {
63      digitalWrite(a,HIGH);
64      digitalWrite(b,LOW);
65      digitalWrite(c,HIGH);
66      digitalWrite(d,HIGH);
67      digitalWrite(e,LOW);
68      digitalWrite(f,HIGH);
69      digitalWrite(g,HIGH);
70      digitalWrite(dp,LOW);
71  }
72  //显示数字 6
73  void digital_6(void)
74  {
75      digitalWrite(a,HIGH);
76      digitalWrite(b,LOW);
77      digitalWrite(c,HIGH);
78      digitalWrite(d,HIGH);
79      digitalWrite(e,HIGH);
80      digitalWrite(f,HIGH);
81      digitalWrite(g,HIGH);
82      digitalWrite(dp,LOW);
83  }
84  //显示数字 7
85  void digital_7(void)
86  {
87      digitalWrite(a,HIGH);
```

```
88          digitalWrite(b,HIGH);
89          digitalWrite(c,HIGH);
90          digitalWrite(d,LOW);
91          digitalWrite(e,LOW);
92          digitalWrite(f,LOW);
93          digitalWrite(g,LOW);
94          digitalWrite(dp,LOW);
95  }
96  //显示数字8
97  void digital_8(void)
98  {
99          digitalWrite(a,HIGH);
100         digitalWrite(b,HIGH);
101         digitalWrite(c,HIGH);
102         digitalWrite(d,HIGH);
103         digitalWrite(e,HIGH);
104         digitalWrite(f,HIGH);
105         digitalWrite(g,HIGH);
106         digitalWrite(dp,HIGH);
107 }
108 void setup()
109 {
110     for( int i = 2; i < = 9; i++)
111         pinMode(i,OUTPUT);              //将2~9引脚设置为输出模式
112 }
113 void loop()
114 {
115     digital_1();                       //数字1
116     delay(2000);                       //延时2s
117     digital_2();
118     delay(2000);
119     digital_3();
120     delay(2000);
121     digital_4();
122     delay(2000);
123     digital_5();
124     delay(2000);
125     digital_6();
126     delay(2000);
127     digital_7();
128     delay(2000);
129     digital_8();
130     delay(2000);
131 }
```

4. 运行效果

将 LED 数码管循环显示 1～8 的程序进行编译并上传,得到 4 位数码管实物显示为数字"3",如图 4-21 所示(其他数字显示同图 4-21)。

图 4-21　LED 数码管循环显示 1～8

4.3.3　4 位八段 LED 数码管显示"2019"

微课视频 6
4 位八段数
码管显示
"2019"

1. 认识 4 位数码管

4 位数码管把 4 个数码管集成在一起,可以显示 4 位数字。4 位数码管共 12 个脚,4 位数码管的实物及引脚如图 4-22 所示。

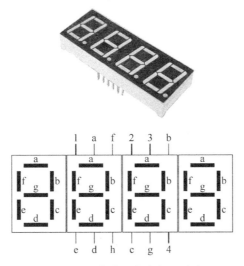

图 4-22　4 位数码管实物及引脚

其中,1、2、3、4脚用于选择处理哪一位数字(对于共阴型,低电平有效),也是这一位数字的公共极。比如选择数字1,则对1脚送低电平。选好数字后,对a~h的操作与一位数码管相同。

2. 电路原理图

4位共阴极数码管与Arduino开发板连接的电路原理图如图4-23所示。

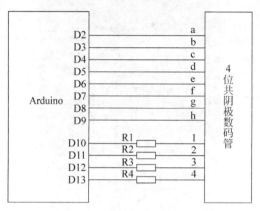

图 4-23　4位共阴极数码管与Arduino开发板连接

将a~h脚分别接到D2~D9脚(注意引脚顺序),1~4脚分别串接一个限流电阻后再接D10~D13。

3. 程序清单

```
1    /***************************************************
2    *  程序 4 - 5：4 位八段 LED 数码管显示"2019"
3    ***************************************************/
4    //引脚 D2 连接到数码管的 a 脚,D3 连 b 脚,……,D9 连 h 脚
5    int pinDigitron = 2;
6    int pinWei = 10;
7    void setup()
8    {
9        for(int x = 0; x < 4; x++)
10       {
11           pinMode(pinWei + x,OUTPUT);              //设置各脚为输出状态
12           digitalWrite(pinWei + x,HIGH);
13       }
14       for(int x = 0; x < 8; x++)
15       {
16           pinMode(pinDigitron + x,OUTPUT);         //设置各脚为输出状态
17       }
18   }
19   //在数码管中显示数字的函数
20   void displayDigit(unsigned char digit)
```

```
21  {
22      //定义一个数组表：不同数字的 abcdefgh 各段的取值
23      unsigned char abcdefgh[ ][8] = {
24          {1,1,1,1,1,1,0,0},                              //0
25          {0,1,1,0,0,0,0,0},                              //1
26          {1,1,0,1,1,0,1,0},                              //2
27          {1,1,1,1,0,0,1,0},                              //3
28          {0,1,1,0,0,1,1,0},                              //4
29          {1,0,1,1,0,1,1,0},                              //5
30          {1,0,1,1,1,1,1,0},                              //6
31          {1,1,1,0,0,0,0,0},                              //7
32          {1,1,1,1,1,1,1,0},                              //8
33          {1,1,1,1,0,1,1,0},                              //9
34          {1,1,1,0,1,1,1,0},                              //A
35          {0,0,1,1,1,1,1,0},                              //b
36          {1,0,0,1,1,1,0,0},                              //C
37          {0,1,1,1,1,0,1,0},                              //d
38          {1,0,0,1,1,1,1,0},                              //E
39          {1,0,0,0,1,1,1,0},                              //F
40          {0,0,0,0,0,0,0,1},                              //DOT = 16
41          {0,0,0,0,0,0,0,0},                              //BLANK = 17
42          {0,0,0,0,0,0,1,0},                              //MINUS = 18
43      };
44      if (digit > 18)
45          return;
46      for (unsigned char x = 0; x < 8; x++)
47      {
48          digitalWrite(pinDigitron + x,abcdefgh[digit][x]);
49      }
50  }
51  //在指定的位,显示指定的数字
52  void display(unsigned char wei, unsigned char digit)
53  {
54      #define BLANK 17
55      for( int x = 0; x < 4; x++)
56      {
57          if (x != wei- 1)
58          digitalWrite(pinWei + x,HIGH);
59      }
60      displayDigit(BLANK);                                //擦除
61      digitalWrite(pinWei + wei- 1,LOW);                  //位选
62      delay(1);
63      displayDigit(digit);                                //显示数字
64      delay(5);
65  }
66  void loop()
```

```
67  {
68      display(1,2);                        //在第 1 位显示数字 2
69      display(2,0);                        //在第 2 位显示数字 0
70      display(3,1);                        //在第 3 位显示数字 1
71      display(4,9);                        //在第 4 位显示数字 9
72  }
```

4. 运行结果

程序编译、上传成功后,其 4 位八段数码管显示"2019",如图 4-24 所示。

图 4-24　4 位数码管实验结果

第 5 章   Arduino 便捷的模拟/数字转换

自然界所有的信号都是模拟的,例如温度、光照强度、压力等。单片机只能处理数字离散信号,因而需要一种将模拟信号转化为数字信号形式的方法。将模拟信号转换成数字信号的电路,称为模数转换器,简称 A/D 转换器或 ADC(Analog to Digital Converte),A/D 转换的作用是将时间连续、幅值也连续的模拟量转换为时间离散、幅值也离散的数字信号。

标准 MCS-51 单片机芯片内部不具备 A/D 转换功能,需要外接 AD0809 等 A/D 转换芯片,而 AVR 系列单片机都配备 A/D 转换子系统。

Arduino 将复杂的 AVR 单片机 A/D 转换过程做了很好的封装,只要使用 analogRead()即能便捷地进行 A/D 转换。

5.1   Arduino UNO 板上的 A/D 转换

在 Arduino UNO 开发板上,有一排标着 A0~A5 的引脚具有模拟信号输入的功能。Arduino 中的片内 A/D 转换设备通过逐次逼近法测量输入电压的大小,得到输入电压,转换成 0~1023 的数字值。

5.1.1   逐次逼近模数转换技术

将模拟信号转换为数字信号一般分为 4 个步骤,即取样、保持、量化和编码。逐次逼近转换过程和用天平称物重非常相似,从最重的砝码开始试放,与被称物体进行比较,若物体重于砝码,则该砝码保留,否则移去。再加上第二个次重砝码,由物体的重量是否大于砝码的重量决定第二个砝码是留下还是移去。照此一直加到最小一个砝码为止。将所有留下的砝码重量相加,就得到该物体的重量。

ATmega328 采用逐次逼近技术,包括一个数模转换器、一个控制器和一个比较器来执行模数转换。从最高有效位开始向下到最低有效位,控制器逐个开启每一位并且生成一个模拟信号,在数模转换器的帮助下,将生成的模拟信号与原始输入模拟信号进行对比。基于对比结果,控制器更换或者离开当前位并且使能下一个最高有效位。该过程一直持续直到生成所有有效位的对比结果。

5.1.2　Arduino UNO 上的 A/D 引脚

Arduino UNO 板包含一个 6 通道(Mini 和 Nano 有 8 个通道,Mega 有 16 个通道)、10 位模拟/数字转换器,它将 0～5V 的输入电压映射为 0～1023 的整数值。读数之间的关系是:5V/1024 单位,或 0.0049V(4.9mV)每单位。输入范围和精度可以使用 analogReference()改变。它需要大约 $100\mu s$(0.0001s)来读取模拟输入,所以最大的阅读速度是 10000 次每秒,或 4.88mV 每单位。

在 Arduino UNO 板下方 ANALOG IN 区域有 6 个 A/D 转换输入引脚,分别标记为 A0、A1、A2、A3、A4、A5,这些模拟引脚可作为数字引脚 D14～D19 使用,如图 5-1 所示。

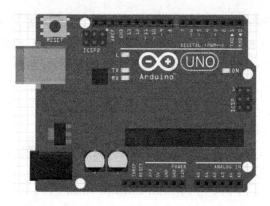

图 5-1　Arduino UNO 的 6 个 A/D 转换引脚

5.1.3　Arduino 中的 A/D 转换语句

Arduino 把 ATmega 单片机中的 10 位 A/D 转换时需要的复杂寄存器设置做了很好的封装,用户只需使用 analogRead(0)、analogRead(1)命令就可以读出 A0、A1 引脚的模拟电平值了。

1. analogRead(pin)

从指定的模拟引脚读取数据值。

返回值:整数型 int(0～1023)。

参数:pin 为 A/D 引脚标号,Arduino UNO 为 0～5,Arduino nano 为 0～7,Mega 为 0～15。

2. analogReference (uint8_t type)

配置模式引脚的参考电压。输入范围和精度可以使用 analogReference()改变,配置用于模拟输入的基准电压(即输入范围的最大值)。函数 analogRead()在读取模拟值之后,根据参考电压将模拟值转换到[0,1023]区间。

参数 type 有如下几种选择。

(1) DEFAULT:基准电压,默认为 5V(Arduino UNO 板为 5V)或 3.3V(Arduino

Nano 板为 3.3V)。

(2) INTERNAL：低功耗模式。在 ATmega168 和 ATmega328 上以 1.1V 为基准电压，在 ATmega8 上以 2.56V 为基准电压。

- INTERNAL1V1：以 1.1V 为基准电压(Arduino Mega)。
- INTERNAL2V56：以 2.56V 为基准电压(Arduino Mega)。

(3) EXTERNAL：以 AREF 引脚(0~5V)的电压作为基准电压，但是要低于 5V。

如果模拟输入引脚没有连入电路，则由 analogRead() 返回的值将根据多项因素(例如，你的手靠近电路板等)而产生波动。

注意：如果使用 AREF 引脚上的电压作为基准电压，那么在调用 analogRead() 前，必须先设置参考类型为 EXTERNAL；否则，外接的参考电压将会损坏内部基准电压源，这可能会损坏 Arduino 板上的单片机。

不要在 AREF 引脚上使用任何小于 0V 或超过 5V 的外部电压，以免损坏单片机。

5.1.4　A/D 转换器主要技术参数

1. 分辨率

A/D 转换器的分辨率以输出二进制(或十进制)数的位数来表示，它表明 A/D 转换器对输入信号的分辨能力。

分辨率＝参考电压/(总元素－1)，总元素＝2^n，n 为位数。

假设用 4 位(0~15)来表示量化等级，分辨率＝5V/(16－1)＝333mV，对于 Arduino 中的 ATmega328 来说，为 10 位(0~1023)转换精度，分辨率＝5V/1023＝4.88mV。

量化级越高，模拟信号转换时的精度就越高，在将模拟信号转化为数字信号时，为什么我们不使用当前技术为数字系统提供的最大比特数呢？因为必须考虑到该数据系统的计算能力以及所需要的系统分辨率。

ATmega328 的 A/D 系统配备一个 10 位分辨率的逐步逼近式转换器，在给定时间只能对一个 A/D 转换器通道进行转换。

2. 转换误差

转换误差通常是以输出误差的最大值形式给出。它表示 A/D 转换器实际输出的数字量和理论上的输出数字量之间的差别，常用 LSB(最低有效位)的倍数表示。例如，给出相对误差≤±LSB/2，这就表明实际输出的数字量和理论上应得到的输出数字量之间的误差小于最低位的半个字。

ATmega328 的转换误差是±2 最低有效位(LSB)绝对精度，即意味着±9.76mV 的分辨率。

3. 转换时间

转换时间是指 A/D 转换器从转换控制信号到来开始，到输出端得到稳定的数字信号为止所经过的时间。

ATmega328 的 A/D 转换需要 13 个 A/D 时钟转换时间，最高采样速率为 76.9kSPS。

Arduino 系统封装采用了较高的分频比,使最高采样速度降为10kSPS。当应用需要高速取样时,可以采取直接操控寄存器方式实现,详见第11章。

5.2　A/D转换基本实验

5.2.1　读取模拟引脚上的模拟值并显示出来

微课视频2
读取模拟引脚上的模拟值并显示出来

1. 电路原理

通常一个电位器有3个引脚,其中两个连接到电阻材料,第三个引脚(通常在中间)被连接到可旋转并接触电阻材料的任何位置的滑动触点。当电位器旋转时,滑动触点和一个引脚之间的电阻增加,而和另一个引脚间的电阻减小。当滑动触点移向底端时,滑动触点(图 5-2 中带箭头的线)和地之间具有较低的电阻,而连接到 5V 的一端有更高的电阻。随着滑动触点向下移动,模拟引脚上的电压将减小(最小为 0V)。滑动触点向上移动将产生相反的效果,引脚上的电压将增加(最大为 5V)。电路图及实物连接图如图 5-2 所示。

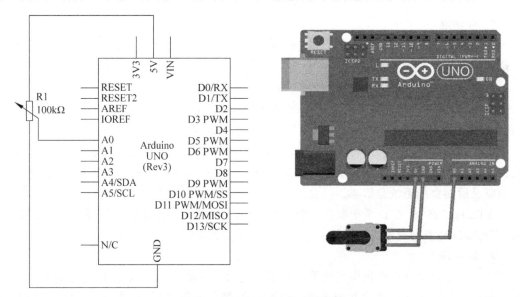

图 5-2　电路图及实物连接图

将电位器中间滑动端接至 Arduino UNO 板的 A0 端,使用 analogRead()语句就可以读出模拟口的值,Arduino UNO 控制器进行的是 10 位的 A/D 采集,所以读取的模拟值范围是 0~1023。

2. 程序说明

首先,在 void setup()中设置波特率。在 Arduino 软件的串口工具监视窗口右下角有一个可以设置波特率的按钮,选中与程序中设置的波特率相同的波特率,Serial. begin()的括号中为波特率的值。

串口监视器中显示的数值来源于 Arduino 与 PC 的通信,因此 Arduino 的波特率应与 PC 软件设置的波特率一致,才能显示正确的数值,否则将会显示乱码或者不显示。

```
1   /***********************************************************
2   * 程序 5-1:读取模拟引脚上的模拟值并显示
3   ***********************************************************/
4   int potpin = 0 ;                        //定义模拟接口 0
5   int ledpin = 13 ;                       //定义数字接口 13
6   int val = 0 ;                           //定义变量 val,并赋初值 0
7   void setup()
8   {
9       //设置数字 13 引脚为输出模式
10      pinMode(ledpin,OUTPUT);
11      Serial.begin(9600);                 //设置波特率 9600b/s
12  }
13  void loop()
14  {
15      digitalWrite(ledpin,HIGH);          //点亮数字接口 13 的 LED
16      delay(50);                          //延时 0.05s
17      digitalWrite(ledpin,LOW);           //熄灭数字接口 13 的 LED
18      delay(50);                          //延时 0.05s
19      //读取模拟接口 0 的值,并将其赋给 val
20      val = analogRead(potpin);
21      Serial.println(val);                //显示 val 的值
22  }
```

3. 运行结果

每读取一次值,Arduino 自带的 LED 小灯就会闪烁一下,可以通过旋转来改变读数。通过 Arduino IDE 中的“工具”菜单打开串口监视器,读取模拟量值,如图 5-3 所示。

图 5-3　串口监视器的输出

5.2.2　使用 A/D 转换器进行按键输入判别

1. 实验电路原理

电路与实物连接图如图 5-4 和图 5-5 所示。

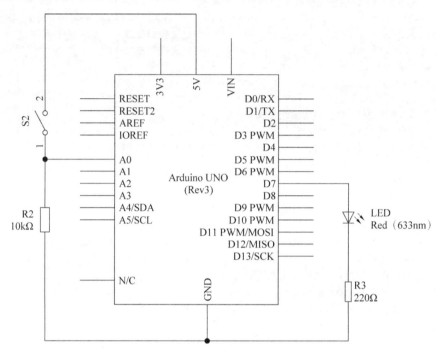

图 5-4　A/D 转换器用作按键判别的电路连接

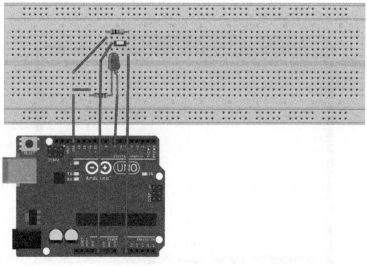

图 5-5　实物连接图

电路连接关系是 Arduino UNO 上的 A0 接按键开关；LED 接 Arduino UNO 上的 DT。

2. 程序说明

使用 A/D 转换器作为按键输入具有一定的抗干扰性。当按键没有被按下时,模拟口电压为 0V,LED 灯熄灭；当按键被按下时,模拟口电压值为 5V,所以只要判断电压值是否大于 2.5V,如果大于 2.5V,则可以知道按键被按下,LED 灯点亮。

```
1    /*************************************************
2    * 程序 5-2: A/D 转换器用于按键输入判别
3    ************************************************* /
4    int analogPin = 0;
5    int val = 0;
6    int led = 7;
7    void setup()
8    {
9        pinMode(led,OUTPUT);
10       pinMode(14,INPUT);
11       Serial.begin(9600);
12   }
13   void loop()
14   {
15       val = analogRead(analogPin);
16       Serial.println(val);
17       if(val > 127)
18           digitalWrite(led,HIGH);
19       else
20           digitalWrite(led,LOW);
21       delay(200);
22   }
```

3. 运行结果

将程序下载到 Arduino UNO 开发实验板后,当按下按键时,LED 熄灭；松开按键,LED 灯点亮,串口监视显示如图 5-6 所示,软件施密特触发器实物实现如图 5-7(a)、(b)所示。

5.2.3 使用 A/D 转换器读取键盘值的抢答器

1. 抢答器实验要求

两名选手各有一个按键,比赛开始后进行抢答,谁先按下按键,对应的灯就会亮起来。裁判可根据亮灯情况提示参赛选手答题,本次结束后,裁判按下按键 3 清除亮灯(使亮灯都熄灭)。

这个实验要求使用 analogRead() 判定按键是否按下。

图 5-6　串口监视器的输出

(a) 按下按键　　　　　　　　　　　　　　　　　　(b) 松开按键

图 5-7　施密特触发器实物

2. 电路原理

按键 1 —>模拟 2 口(A2)

按键 2 —>模拟 3 口(A3)

按键 3 —>模拟 4 口(A4)

红 LED —>数字第 8 引脚(D8)

绿 LED —>数字第 7 引脚(D7)

蜂鸣器 —>数字第 5 引脚(D5)

电路原理图如图 5-8 所示,实物连接图如图 5-9 所示。

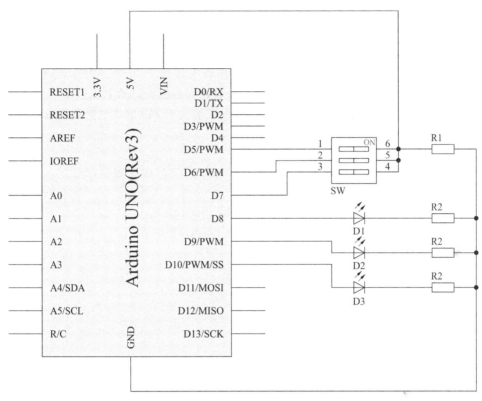

图 5-8　抢答器的电路原理图

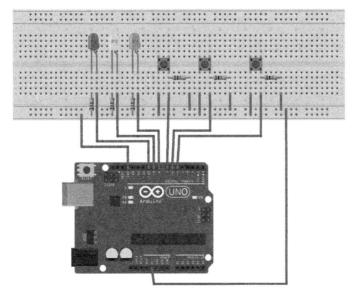

图 5-9　抢答器的实物接线图

3. 程序说明

按键在保持按下和保持弹起这两种状态下,按键引脚电压值是有变化的。因此,我们可以依次读取模拟口1~模拟口3的电压值,根据读出的电压值来判断按键是否被按下。本实验采用高电平有效方式连接。

用万用表测量可知,当没有按键按下时,模拟口电压值为0.0V左右。当有按键按下时,模拟口的电压值为5.0V左右。所以,我们可以认为当模拟口的电压值小于1V(数字二进制表示为204)时,没有按键按下,当模拟口的电压值大于4V(数字二进制表示为818)时,有按键按下。

```
1    /****************************************************
2     * 程序 5-3：使用 A/D 读取键盘值的抢答器
3     ****************************************************/
4    int RedLed = 8;                    //定义第 8 引脚连接红灯
5    int GreenLed = 7;                  //定义第 7 引脚连接绿灯
6    int i;                             //定义变量 i
7    int j = 0;                         //定义变量 j
8    void buzzer()                      //蜂鸣器发出"嘀"声音子程序
9    {
10       for(i = 0; i < 80; i++)
11       {
12           digitalWrite(5,HIGH);      //发声音
13           delay(1);                  //延时 1ms
14           digitalWrite(5,LOW);       //不发声音
15           delay(1);                  //延时 ms
16       }
17   }
18   void key_scan()                    //按键扫描子程序
19   {
20       int key_1,key_2,key_3;         //定义变量
21       key_1 = analogRead(2);         //读模拟引脚 1 电压值
22       key_2 = analogRead(3);         //读模拟引脚 2 电压值
23       key_3 = analogRead(4);         //读模拟引脚 3 电压值
24       //Serial.println(key_1,key_2,key_3);
25       Serial.println(key_1);
26       Serial.println(key_2);
27       Serial.println(key_3);
28       /* 如果各按键电压值都小于 204(即模拟值 1V),判断没有按键按下 */
29       if(key_1 < 204&&key_2 < 204&&key_3 < 204)
30       {
31           return;                    //跳出本子函数
32       }
33       /* 如果按键 1 电压值都大于 818(即模拟值 4V),判断按键 1 被按下 */
34       if(key_1 > 818)
35       {
```

```
36              delay(10);                          //由于有抖动,所以延时100ms再一次判断
37              /* 如果按键1电压值都大于818(即模拟值4V),判断按键1确实被按下 */
38              if(key_1 > 818)
39              {
40                  buzzer();                       //蜂鸣器发出声音
41                  digitalWrite(RedLed,HIGH);      //红灯亮
42                  digitalWrite(GreenLed,LOW);     //绿灯灭
43              }
44              else                                //否则认为是抖动干扰,不做任何动作
45              {
46                  return;                         //跳出本子函数
47              }
48          }
49      /* 如果按键2电压值都大于818(即模拟值4V),判断按键2被按下 */
50      if(key_2 > 818)
51      {
52              delay(10);                          //存在抖动,延时100ms再一次判断
53              /* 如果按键2电压值都大于818(即模拟值4V),判断按键2确实被按下 */
54              if(key_2 > 818)
55              {
56                  buzzer();                       //蜂鸣器发出声音
57                  digitalWrite(RedLed,LOW);       //红灯灭
58                  digitalWrite(GreenLed,HIGH);    //绿灯亮
59              }
60              else                                //否则认为是抖动干扰,不做任何动作
61              {
62                  return;                         //跳出本子函数
63              }
64      }
65      /* 如果按键3电压值都大于818(即模拟值4V),则可以判断按键3被按下 */
66      if(key_3 > 818)
67      {
68              delay(10);                          //存在抖动,延时100ms再一次判断
69              /* 如果按键3电压值都大于818(即模拟值4V),判断按键3确实被按下 */
70              if(key_3 > 818)
71              {
72                  buzzer();                       //蜂鸣器发出声音
73                  digitalWrite(RedLed,LOW);       //红灯灭
74                  digitalWrite(GreenLed,LOW);     //绿灯灭
75              }
76              else                                //否则认为是抖动干扰,不做任何动作
77              {
78                  return;                         //跳出本子函数
79              }
80      }
81  }
```

```
82  void setup()
83  {
84      Serial.begin(9600);
85      for(i = 5; i < = 8; i++)
86      {
87          pinMode(i,OUTPUT);              //引脚5~8设置为输出模式
88      }
89  }
90  void loop()
91  {
92      key_scan();                        //循环扫描按键
93  }
```

4. 运行结果

按键1和按键2是抢答按键,按键3是清除按键。如果按键1先被按下,则蜂鸣器发出提示音,红灯亮,绿灯灭;如果按键2先被按下,则蜂鸣器发出提示音,绿灯亮,红灯灭;如果按键3被按下,则蜂鸣器发出提示音,将红灯和绿灯都熄灭。实物效果如图5-10所示。

图5-10 抢答器的实现

需要注意的是,按键可能存在抖动干扰,为了更加准确地判断是否有按键被按下,在第一次判断有按键按下之后,延时10ms躲避抖动,然后进行第二次判断。另外,从模拟口读出的电压值是用二进制表示的。

第6章

Arduino 的时间函数和 PWM

定时器(Timer)是集成在单片机中的一个特殊硬件,如一个时钟一样,可以记录时间。Arduino UNO 板的单片机是 AVR 系列的 ATmega328,它有 3 个定时器,分别为 Timer0、Timer1 和 Timer2,较为详细的介绍见第 12 章。

定时器通过一些特定的寄存器设定,例如,通过设置定时器的预分频器或者定时器的工作模式来进行定时、计数、脉冲宽度调制输出(PWM)。

Arduino 对定时器的操作进行了很好的封装,对用户隐藏了复杂的寄存器操作,只用简单的函数就可以实现延时、Arduino 板运行时间计数、脉冲测量、音调产生和脉宽调制。

6.1 Arduino 中的时间函数

Arduino 的时间函数可分为两类:程序延时、Arduino 板运行时间计数。

delay():使程序暂停设定的时间(ms);

delayMicroseconds():使程序暂停设定的时间(μs);

micros():Arduino 开发板从运行当前程序开始的微秒数;

millis():Arduino 开发板从运行当前程序开始的毫秒数。

6.1.1　delay()

1. 函数说明

函数 delay()使程序暂停设定的时间(单位:ms),它的范围为从 1ms 到 25 天(使用无符号 long 的变量类型时,可以到将近 50 天),当程序执行过程中遇到这个函数时,等待设定的时间后到进入下一行代码,此期间单片机不能执行其他任务(属于死等待)。

2. 示例:调用 delay()使 LED 灯亮 1s、灭 1s

```
1    /******************************************************
2     * 程序 6-1: 使 LED 灯亮 1s、灭 1s
3     ****************************************************** /
4    void setup()
5    {
```

```
6        pinMode(13,OUTPUT);
7    }
8    //无限循环执行 loop()函数
9    void loop()
10   {
11       digitalWrite(13,HIGH);                          //点亮 LED
12       //延迟 1000ms = 1s,此期间不能执行其他任务
13       delay(1000);
14       digitalWrite(13,LOW);                           //熄灭 LED
15       //延迟 500ms,此期间不能执行其他任务
16       delay(500);
17   }
```

3. 注意

在函数 delay()执行过程中,读取传感器值、计算、引脚操作均无法执行,它所带来的后果就是使其他大多数活动暂停。大多数熟练的程序员通常会避免长时间的 delay(),除非 Arduino 程序非常简单。

但某些操作在 delay()执行时仍然能够运行,函数 delay()不会使中断失效,例如,通信端口 RX 接收到的数据会被记录,PWM(analogWrite)值和引脚状态会保持,中断也会按设定执行。

如果希望延时期间能够同时执行其他任务,则应该使用 millis()函数。

6.1.2 delayMicroseconds()

1. 函数说明

delayMicroseconds()使程序暂停指定的一段时间(单位: μs),它的作用是接收一个以微秒为单位的整型数字参数,执行等待。

与 delay()函数相比,它的单位更小,可以更精确地执行。目前 delayMicroseconds()函数能够产生的最大的延时准确值是 16 383 μs,这个值可能会在未来 Arduino 版本中发生变化。

2. 示例

```
1    /********************************************************
2    * 程序 6-2:调用函数 delayMicroseconds()产生周期 100μs 的方波
3    ********************************************************/
4    int outPin = 8;                     //数字引脚 8
5    void setup()
6    {
7        pinMode(outPin,OUTPUT);         //设置为输出的数字引脚
8    }
9    void loop()
10   {
```

```
11      digitalWrite(outPin,HIGH);                  //设置引脚高电平
12      delayMicroseconds(50);                      //暂停 50μs
13      digitalWrite(outPin,LOW);                   //设置引脚低电平
14      delayMicroseconds(50);                      //暂停 50μs
15  }
```

3. 注意

函数 delayMicroseconds()在延时 3μs 以上工作得非常准确。Arduino0018 2018 版本后,delayMicroseconds()不再会使中断失效。

6.1.3 millis()

1. 函数说明

millis()获取 Arduino 开机后运行的时间长度,此时间数值以 ms 为单位(返回值类型:无符号长整型数)。millis()函数可以用来获取 Arduino 运行程序的时间长度,该函数当程序运行就开始计时,并返回记录的参数,该参数溢出大概需要 50 天时间,如果超出记录时间的上限,则记录将从 0 重新开始。

2. 示例:调用 millis()测量程序运行时间

```
1   /*********************************************************
2    * 程序 6-3: 调用 millis()测量程序运行时间
3    ********************************************************* /
4   unsigned long time;
5   void setup()
6   {
7       Serial.begin(9600);
8   }
9   void loop()
10  {
11      Serial.print("Time:");
12      //串口监视器显示程序运行的时间长度,毫秒读数
13      time = millis();
14      //为避免连续发送数据,设置等待 1000ms
15      Serial.println(time);
16      delay(1000);
17  }
```

3. 注意

函数 millis()返回自目前程序运行以来的毫秒数。millis()函数在大约 50 天以后会溢出(归零)。

millis()返回值是一个无符号长整数(unsigned long 类型),如果用 int 保存时间,将得到错误的结果。

当中断函数发生时,millis()的数值将不会继续变化。

6.1.4 micros()

1. 函数说明

micros()函数返回 Arduino 开发板从运行当前程序开始的微秒数(无符号长整数)。最长纪录时间大约为 70 分钟,溢出后回到 0。在主频 16MHz 的 Arduino 开发板上(比如 UNO 和 Nano),这个函数的分辨率为 $4\mu s$(即返回值总是 4 的倍数)。在主频 8MHz 的 Arduino 开发板上(比如 LilyPad),这个函数的分辨率为 $8\mu s$。

2. 示例:使用 micros()显示程序运行的时间长度

```
1    /***********************************************************
2     * 程序6-4: 使用micros()显示程序运行的时间长度
3     ***********************************************************/
4    unsigned long time;
5    void setup()
6    {
7        Serial.begin(9600);
8    }
9    void loop()
10   {
11       Serial.print("Time:");
12       time = micros();
13       //打印从程序开始的时间
14       Serial.println(time);          //等待1s,以免发送大量的数据
15       delay(1000);
16   }
```

6.2 独立于 CPU Core 的音调产生与脉冲宽度测量

在程序 4-2 中,我们学习到可以通过反复翻转某一个引脚的电平来产生蜂鸣器所需的方波,但是这样一来,就需要程序一直在某处循环,在此期间程序不能同时做其他工作,例如:

```
1    for(i = 0; i < 100; i++)              //输出另一个频率的声音
2    {
3        digitalWrite(buzzer,HIGH);        //发声音
4        delay(2);                         //延时2ms
5        digitalWrite(buzzer,LOW);         //不发声音
6        delay(2);                         //延时2ms
7    }
```

Arduino 提供了一个可以产生声音的函数 tone(),它使用的是硬件定时器。定时器是

独立于 CPU Core 运行的,只要在主程序中启动 tone(3,1000),就立即在数字 3 脚产生 1kHz 的音频。

6.2.1　tone()与 noTone()

1. 函数说明

tone()函数的格式为:

```
tone(pin, frequency)
tone(pin, frequency, duration)
```

参数:

pin——要产生声音的引脚。

frequency——产生声音的频率,单位为 Hz,类型为 unsigned int。

duration——声音持续的时间,单位为 ms(可选),类型为 unsigned long。

函数 tone()在一个引脚上产生一个特定频率的方波(50％占空比)。持续时间可以设定,波形会一直产生,直到调用 noTone()函数。该引脚可以连接压电蜂鸣器或其他喇叭播放声音。

noTone()函数的格式为:

```
noTone(pin)
```

参数:

pin——所要停止产生声音的引脚。

2. 示例:调用 tone()和 noTone()函数实现多音调发声

```
1    /***********************************************************
2     * 程序 6-5: 多音调发声
3     ***********************************************************/
4    void setup()
5    {
6    }
7    void loop()
8    {
9        noTone(8);                      //停止 8 号引脚发声
10       tone(6, 440, 200);              //6 号引脚发声 200ms
11       delay(200);
12       noTone(6);                      //停止 6 号引脚发声
13       tone(7, 494, 500);              //7 号引脚发声 500ms
14       delay(500);
15       noTone(7);                      //停止 7 号引脚发声
16       tone(8, 523, 300);              //8 号引脚发声 300ms
17       delay(300);
18   }
```

3. 注意

在同一时刻只能产生一个声音。如果一个引脚已经在播放音乐,那么调用 tone()将不会有任何效果。如果音乐在同一个引脚上播放,那么它会自动调整频率。

函数 noTone()用来停止由 tone()在 pin 引脚产生的方波,如果没有使用 tone(),那么 noTone()将不会产生效果。

6.2.2 pulseIn()

1. 函数说明

pulseIn()用于测量引脚上的脉冲宽度。

pulseInLong()用于测量引脚上长时间(long 型)脉冲宽度。

函数 pulseIn()的格式为:

```
pulseIn(pin, value)
pulseIn(pin, value, timeout)
```

函数 pulseIn()可以精确地测量一个脉冲的持续时间。

读取一个引脚的脉冲(HIGH 或 LOW),如果 value 是 HIGH,那么 pulseIn()会等待引脚变为 HIGH,开始计时,再等待引脚变为 LOW 并停止计时。返回脉冲的长度,单位为 μs。如果在指定的时间内无脉冲,函数返回 0。此函数读取长时间的脉冲计时可能会出错,计时范围为 10μs~3min。

参数:

pin——要进行脉冲计时的引脚号(int)。

value——要读取的脉冲类型,HIGH 或 LOW(int)。

timeout(可选)——指定脉冲计数的等待时间,单位为 μs,默认值是 1s(unsigned long)。

返回:

脉冲长度(μs),如果等待超时,则返回 0(unsigned long)。

2. 示例:测量脉冲持续时间

```
1   /*********************************************************
2    *  程序 6-6: 测量脉冲持续时间
3    *********************************************************/
4   int pin = 7;
5   unsigned long distance;
6   void setup()
7   {
8       pinMode(pin, INPUT);
9   }
10  void loop()
11  {
12      distance = pulseIn(pin, HIGH);
13  }
```

6.3 用 PWM 实现数字/模拟转换

计算机不能输出模拟电压,只能输出 0V 或 5V 的数字电压值,但是可以通过高分辨率计数器,对输出方波的占空比进行控制。

PWM 是英文 Pulse Width Modulation 的缩写,简称脉宽调制,是利用微处理器的数字输出来对模拟电路进行控制的一种有效技术,即使用数字控制产生占空比不同的方波(一个不停地在开与关之间切换的信号)通过滤波后产生模拟输出,用来实现低成本的数字/模拟转换(D/A),这种技术被广泛应用在测量、通信、功率控制与变换的许多领域中。

在 Arduino 的应用中,ADC 功能变得非常简单,只需要如下步骤:

(1) 定义需要的模拟量输入端口。对于 Arduino UNO 是 A0~A5。

(2) 读取对应的模拟量。数字范围是 0~1023。

(3) 把对应的模拟量进行比例变换,使用 map()函数或其他的程序显示。

(4) 把最终数据显示到串口、液晶、数码管等设备,或者添加其他的更多功能。

6.3.1 PWM 基础

1. PWM 的 D/A 转换

采用脉宽调制(PWM)输出加低通滤波器(LPF)取其平均值的方法,是一种简单和实用的把数字转换成模拟电压的方法。

占空比(Duty Cycle)就是在一个调制周期内,某个信号持续的时间占这个时间段的百分比。

图 6-1 显示了 5 种不同的 PWM 信号。其中第一个波形是一个占空比为 0 的 PWM 输出,即没有信号通过;第二个波形是一个占空比为 25% 的 PWM 输出,即在信号周期中,25% 的时间通过,其余 75% 的时间段没有信号通过;第三、四个波形显示的分别是占空比为 50% 和 75% 的 PWM 输出;第五个波形是占空比为 100% 的 PWM 输出,即在整个信号周期中,100% 的时间都有信号通过。

如果,对 PWM 波形进行分解,可以发现它包括一个直流量、与 PWM 同频率的频率分量和大量偶次谐波。其中,直流分量为供电电压乘以 PWM 占空比。对 PWM 信号进行简单的 RC 低通滤波,就可以得到 PWM 信号的平均值,占空比与输出电压形成一一对应关系,从而实现了低成本的 D/A 转换。图 6-2 为 RC 低通滤波器获得 PWM 信号平均值的电原理图。

2. 分辨率

如果 D/A 转换器的位数为 8b 或者 256 个计数值,则分辨率是 8 位或者 256。

如果 PWM 计数器的长度为 512 个计数值,最小的占空比为 2 个计数值,那么 PWM DAC 的分辨率仍然是 8 位或者 256。

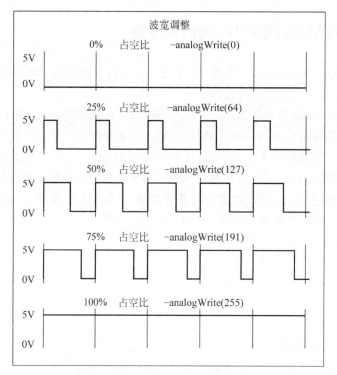

图 6-1　5 种不同的 PWM 信号

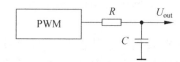

图 6-2　RC 低通滤波器获得 PWM 信号平均值的电原理图

3. PWM 的作用

PWM 可实现如下功能:

通过简单的滤波电路,就可以生成真正的模拟输出量。

控制灯光亮度,调节电机转速。注意这和前一项并不重复,因为不需要滤波就可以实现。

控制舵机角度。

输出音频信号,例如,接喇叭时可以发声。

6.3.2　Arduino 的模拟输出

1. Arduino UNO 板上的 PWM 输出

Arduino 开发板上数字输入/输出引脚中的 3、5、6、9 和 11 都提供 0V 和 5V 之外的可变输出。在这些引脚的旁边,会标有 PWM 标识(见图 6-3)。数字输出与模拟输出最直观的

区别就是数字输出是二值的,即只有 0 和 1,而模拟输出可以在 0～255 变化。大多数
Arduino 板(ATmega168 或 ATmega328)只有引脚 3、5、6、9、10 和 11 可以实现该功能。

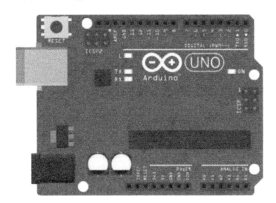

图 6-3　Arduino UNO 上的 PWM

2. PWM 输出语句 analogWrite()

analogWrite()语法如下:

```
analogWrite(pin,value)
```

其中,

pin:PWM 输出的引脚编号。

value:用于控制占空比,范围为 0～255。值为 0 表示占空比为 0,值为 255 表示占空比
为 100%,值为 127 表示占空比为 50%。

通过这种函数,硬件 PWM 通过 0～255 的任意值来编程。其中,0 为关闭,255 为全功
率,0～255 的任意一个值都会产生一个约 490Hz 的占空比可变的脉冲序列。Arduino 软件
限制了 PWM 通道为 8 位计数器。

函数 analogWrite()将模拟值(PWM 波)输出到引脚。可用于以不同的亮度点亮 LED
或驱动电机以不同的速度旋转。

3. 注意事项

在使用 analogWrite()前,不需要调用 pinMode()来设置引脚为输出引脚。

调用函数 analogWrite()后,该引脚将产生一个指定占空比的稳定方波,直到再一次调
用函数 analogWrite(),或在同一引脚调用数字引脚读写函数 digitalRead()或 digitalWrite()。

引脚 5 和引脚 6 的 PWM 输出将产生高于预期的占空比。原因是 PWM 输出使用内部
时钟,如果程序中有 millis()或 delay(),它们也使用该时钟。所以,使用引脚 5 和引脚 6 时,
占空比要设置得稍微低一些,这将导致大多时候处于低占空比状态(如:0～10),并可能导
致在数值为 0 时,没有完全关闭引脚 5 和引脚 6。

函数 analogWrite()与模拟引脚、函数 analogRead()没有直接关系。

PWM 的信号频率约为 490Hz。

6.3.3 读取电位器的阻值控制 LED 的闪烁间隔和亮度

1. 电路原理

电位器中间滑动端接 A5,另外两端接 VCC 和 GND,通过旋转电位器,滑动端可以得到 0~VCC 的变化电压。调节电位器,读入输入模拟量的值 val,将该值作为 delay(val)的变量来改变 LED 闪烁的频率。电位器控制 LED 闪烁频率电路图如图 6-4 所示。

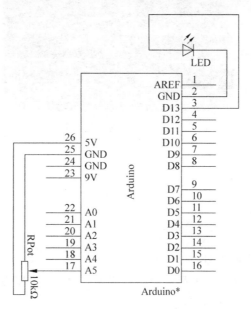

图 6-4　电位器控制 LED 闪烁频率电路

2. 示例:电位器调整 LED 闪烁间隔

```
1    /*************************************************
2    * 程序 6-7:电位器调整 LED 闪烁间隔
3    *************************************************/
4    int ledPin = 13;                //设置 LED 的数字 I/O 脚
5    int RPin = 5;                   //电位器(中间的引脚)连接到模拟输入引脚 A5
6    int val = 0;                    //定义一个变量,以存储读值
7    void setup()
8    {
9        pinMode(ledPin,OUTPUT);     //设置引脚为输出引脚
10   }
11   void loop()
12   {
13       val = analogRead(RPin);     //读取电位器电压值
14       //点亮 LED,设定 Pin13 脚为 HIGH = 4V
15       digitalWrite(ledPin,HIGH);
16       delay(val);                 //延时时间为模拟输入的值
```

```
17      //熄灭 LED,设定 Pin13 脚为 LOW
18      digitalWrite(ledPin,LOW);
19      delay(val);                    //延时时间为模拟输入的值
20  }
```

3. 示例：电位器控制 LED 逐渐变亮再逐渐变暗

```
1   /***************************************************
2    * 程序 6-8: 电位器控制 LED
3    ***************************************************/
4   int ledPin = 9;                    //设定控制 LED 的数字 I/O 脚
5   int potpin = 0;                    //定义模拟接口 0
6   int val;                           //定义一个变量
7   void setup()
8   {
9       //设定数字 I/O 口的模式,OUTPUT 为输出
10      pinMode(ledPin,OUTPUT);
11      Serial.begin(9600);
12  }
13  void loop()
14  {
15      val = analogRead(potpin);      //读取传感器的模拟值并赋值给 val
16      for(int v = 0; v < val; v++)   //变量循环 +1
17      {
18          Serial.println(v);
19          analogWrite(ledPin,v);     //PWM 输出
20          delay(50);                 //设定延时时间
21      }
22      for(int v = val; v > 0; v--)   //变量循环 -1
23      {
24          Serial.println(v);
25          analogWrite(ledPin,v);
26          delay(50);
27      }
28  }
```

4. 实验结果

（1）下载程序 6-7 代码到 Arduino UNO 开发板，然后，从左向右旋动电位器，会发现 LED 灯的闪烁间隔逐渐增大，电位器控制 LED 闪烁频率的实现如图 6-5 所示。

（2）下载程序 6-8 代码到 Arduino UNO 开发板，从左向右旋动电位器，LED 灯的闪亮度逐渐增大，电位器控制 LED 亮度的实现如图 6-6 所示。

程序下载及串口输出如图 6-7 所示。

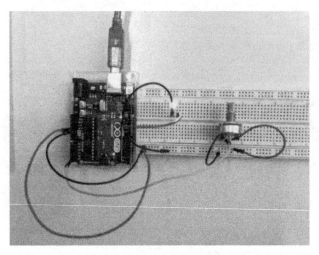

图 6-5   电位器控制 LED 闪烁频率的实现

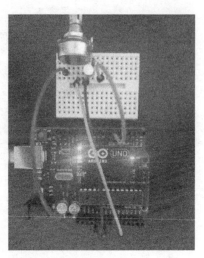

图 6-6   电位器控制 LED 亮度的实现

图 6-7   程序下载与串口监视器的输出

6.3.4   混合应用：调用 pulseIn() 显示来自 analogWrite() 的高低电平脉冲持续时间

1. 程序原理

函数 pulseIn() 的格式为：

```
pulseIn(pin,HIGH);              //返回脉冲是高电平的毫秒数
pulseIn(pin,LOW);              //返回脉冲是低电平的毫秒数
```

函数 pulseIn()等待一个脉冲开始(或者如果没有脉冲,给出超时)。在默认设置情况下,它在 1s 后停止等待,但可以加入等待的微秒数作为第 3 个参数来改变这个时间(注意,$1000\mu s$ 等于 1ms)。例:

```
pulseIn(pin,HIGH,5000);              //脉冲开始等待 5ms
```

函数 pulseIn()可以测量 $10\mu s \sim 3min$ 的持续时间,但是长脉冲的值可能不会很精确。

因为 analogWrite()脉冲由 Arduino 内部产生,所以不需要外部接线,就可以由函数 pulseIn()返回在一个数字引脚上变化信号的持续时间。

程序输出由 analogWrite()产生的高电平和低电平脉冲的毫秒时间。

```
1    /***********************************************************
2     * 程序 6-9: 输出高电平和低电平脉冲的毫秒时间
3     *********************************************************** /
4    const int inputPin = 3;                         //要监视的模拟输出引脚
5    unsigned long val;                              //用来放置来自 pulseIn 的值
6    void setup()
7    {
8        Serial.begin(9600);
9        analogWrite(inputPin,128);
10       Serial.print("Writing 128 to pin");
11       Serial.print(inputPin);
12       printPulseWidth(inputPin);
13       analogWrite(inputPin,254);
14       Serial.print ("Writing 254 to pin");
15       Serial.print(inputPin);
16       printPulseWidth(inputPin);
17   }
18   void loop()
19   {
20   }
21   void printPulseWidth(int pin)
22   {
23       val = pulseIn(pin,HIGH);
24       Serial.print(": High Pulse width = ");
25       Serial.print(val);
26       val = pulseIn(pin,LOW);
27       Serial.print(n,"Low Pulse width = ");
28       Serial.println(val);
29   }
```

2. 结果

串口监视器的显示如下:

Writing 128 to pin 3: High Pulse width = 989, Low Pulse width = 997 Writing 254 to pin 3: High

```
Pulse width = 1977, Low Pulse width = 8
```

pulseIn()可以测量一个高电平或低电平的脉冲有多长。

注意,假如调用 pulseIn(HIGH)函数时,读取信号的引脚上已经为高电平,此时 Arduino 将等待该引脚变为低电平以后再开始检测脉冲信号。另外,只有 Arduino 的中断是开启状态时,才能使用 pulseIn()。

第 7 章　中　断

　　主程序在电路中执行一些功能。当发生中断时,处理器会停止 Arduino 的当前工作,转到另一个程序去执行,以便完成其他工作。当这个程序结束时,再次返回主程序继续执行。

　　串口是 Arduino 与其他设备进行通信的接口。所有的 Arduino 控制板都有至少一个串口(又称为 UART 或 USART)。它通过 0(RX)和 1(TX)数字引脚经过串口转换芯片连接到计算机 USB 端口,与计算机进行通信。

7.1　中断系统基本概念

　　在日常生活中,中断非常常见,例如,某天你正在家中看书,突然电话铃响了,你停止看书去接电话,通话结束后,再继续回来读书,并从刚才中断的地方继续往下读。

　　同理,单片机也存在中断概念,如图 7-1 所示。一般地,单片机根据用户所编写的程序命令,依次按照取指令—指令解码—执行指令这个顺序来执行指令。当内部/外部事件或由程序预先安排的事件发生时,单片机中断正在运行的程序,转到为内部/外部事件或为预先安排的事件服务的程序中去执行,服务完毕后,再返回被打断的程序继续执行。

图 7-1　单片机的中断

7.1.1　ATmega328 的中断系统

　　ATmega328 具备 26 个功能强大、灵活的中断源。其中 2 个为外部中断源,其余 24 个为单片机内部各种接口子系统的中断源。ATmega328 中断源如表 7-1 所示,其中所列的中断按照优先级的降序排列。复位(RESET)具有最高的优先级,为不可屏蔽中断,接着是外部中断请求引脚 INT0(引脚 4)、INT1(引脚 5),从中断向量 8 开始是 ATmega328 内部的中断源。

表 7-1　ATmega328 中断源

中断向量号	程序地址	中断源	中断定义
1	0x000	RESET	上电复位,掉电检测复位,看门狗复位
2	0x001	INT0	外部中断请求 0
3	0x002	INT1	外部中断请求 1
4	0x003	PCINT0	引脚电平变化中断请求 0
5	0x004	PCINT1	引脚电平变化中断请求 1
6	0x005	PCINT2	引脚电平变化中断请求 2
7	0x006	WDT	看门狗溢出中断
8	0x007	TIMER2 COMPA	定时器/计数器 2 比较匹配 A
9	0x008	TIMER2 COMPB	定时器/计数器 2 比较匹配 B
10	0x009	TIMER2 OVF	定时器/计数器 2 溢出
11	0x00A	TIMER1 CAPT	定时器/计数器 1 事件捕捉
12	0x00B	TIMER1 COMPA	定时器/计数器 1 比较匹配 A
13	0x00C	TIMER1 COMPB	定时器/计数器 1 比较匹配 B
14	0x00D	TIMER1 OVF	定时器/计数器 1 溢出
15	0x00E	TIMER0 COMPA	定时器/计数器 0 比较匹配 A
16	0x00F	TIMER0 COMPB	定时器/计数器 0 比较匹配 B
17	0x010	TIMER0 OVF	定时器/计数器 0 溢出
18	0x011	SPI,STC	SPI 串行传输结束
19	0x012	USART,RX	USART 中的 Rx 结束
20	0x013	USART,UDRE	USART 数据寄存器空
21	0x014	USART,TX	USART 中的 Tx 结束
22	0x015	ADC	ADC 转换结束
23	0x016	EE READY	E^2 PROM 准备好
24	0x017	ANALOG COMP	模拟比较器
25	0x018	TWI	两线串行接口
26	0x019	SPM READY	保存程序存储器内容就绪

7.1.2　Arduino 中使用的中断

在 Arduino 中,仅对用户开放外部中断,将外部中断请求 INT0、INT1、PCINT0、PCINT1、PCINT2(Arduino UNO 板)合成到一个中断函数 attachInterrupt(interrupt,function,mode)中,响应外部引脚状态变化引起的中断,其中:

interrupt——中断通道编号 UNO 只能使用 0 或 1,即代表 D2 与 D3 口。

function——中断发生时调用的函数,此函数必须不带参数和不返回任何值。该函数有时被称为中断服务程序。

mode——定义中断触发模式。UNO R3 支持 4 种中断触发模式：

（1）LOW——当引脚为低电平时，触发中断；

（2）CHANGE——当引脚电平发生改变时，触发中断；

（3）RISING——当引脚由低电平变为高电平时，触发中断；

（4）FALLING——当引脚由高电平变为低电平时，触发中断。

当不需要使用外部中断时，可以利用函数 detachInterrupt(interrupt) 来取消这一中断设置，其中的 interrupt 为中断号，对于 UNO 板为 0 或 1。

如果在一段代码中不需要执行中断，只需要执行 noInterrupt() 命令。当这段代码执行完以后，可以使用 interrupt() 命令重新启用中断。

7.2　中断与轮询的对比实验

假设有一个朋友来拜访你，但是由于不知道何时到达，你只能在大门口等待，于是什么事情也干不了。如果在门口装一个门铃，你就不必在门口等待而可以去做其他的工作，朋友来了按门铃通知你，这时你才中断工作去开门，这样就避免了等待和浪费时间。

中断可以是一个可靠的检测持续时间很短的信号的方法。例如键盘输入，如果不采用中断技术，CPU 将不断扫描键盘有否输入，经常处于等待状态，效率极低。而采用了中断方式，CPU 可以进行其他的工作，只有在键盘有键按下并发出中断请求时，才予以响应，暂时中断当前工作转去执行读取键盘按键，读完后又返回执行原来的程序。这样就大大地提高了计算机系统的效率。

7.2.1　轮询按键实验

在图 7-2 中，开关接在 5V 与 GND 之间，串接一个 10kΩ 的电阻 R 作为限流电阻，D2 接到开关上。当开关闭合，D2 的电平为 0V（低电平）。

程序 7-1 使用轮询方法，将按键的状态赋予 LED 指示灯。

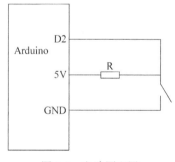

图 7-2　电路原理图

```
1    /**********************************************
2    * 程序 7-1: 使用轮询检测按键
3    **********************************************/
4    int pbIn = 2;                    //定义输入信号引脚
5    int ledOut = 13;                 //定义输出指示灯引脚
6    int state = LOW;                 //定义默认输入状态
7    void setup()
8    {
9      //设置输入信号引脚为输入状态、输出引脚为输出状态
10     pinMode(pbIn,INPUT);
```

```
11      pinMode(ledOut,OUTPUT);
12    }
13    void loop()
14    {
15      state = digitalRead(pbIn);              //读取微动开关状态
16      digitalWrite(ledOut,state);             //把读取的状态赋予 LED 指示灯
17      //模拟一个长的流程或者复杂的任务
18      for(int i = 0; i < 100; i++)
19      {
20        //延时 10ms
21        delay(10);
22      }
23    }
```

按下开关,LED 状态不会立刻改变,要按住一会儿才能改变。因为当按钮被按下的瞬间,如果主应用程序正在做某些事情,就可能正好没有发现按下按钮的动作。这样,系统就无法正常响应了。

7.2.2 使用中断按键的实验

使用如图 7-3 所示的电路,通过修改代码来使用硬件中断。将下面的代码下载到控制板中,当按下按钮时,LED 的状态就会立刻改变(尽管代码仍然是在主循环中,而且仍然是同样的延时)。

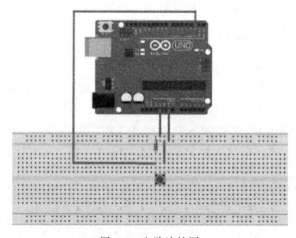

图 7-3 电路连接图

```
1    /*************************************************
2     * 程序 7-2: 使用中断响应按键
3     *************************************************/
4    int pbIn = 0;                              //定义中断引脚为 0,也就是 D2 引脚
```

```
5   int ledOut = 13;                      //定义输出指示灯引脚
6   volatile int state = LOW;             //定义默认输入状态
7   void setup()
8   {
9     //置 ledOut 引脚为输出状态
10    pinMode(ledOut,OUTPUT);
11    //监视中断输入引脚的变化
12    attachInterrupt(pbIn,stateChange,CHANGE);
13  }
14  void loop()
15  {
16    //模拟长时间运行的进程或复杂的任务
17    for (int i = 0; i < 100; i++)
18    {
19      //什么都不做,等待 10ms
20      delay(10);
21    }
22  }
23  void stateChange()
24  {
25    state = !state;
26    digitalWrite(ledOut,state);
27  }
```

为按钮配置好外部中断,在主应用程序中,描述按钮处于什么状况时需要产生中断,并设定中断时的动作(即调用某个函数)。这样,主应用程序就可以做其他的事情,一旦中断发生,预设的动作就会自动被触发(即函数被自动调用)。

第 8 章 Arduino 中封装的串行通信

　　串口的主要工作就是将数据比特流串行化和反串行化，使得多比特的数据，例如 8b 的字节能够通过一条线发送和接收。否则，就需要 8 条数据线和 1 条时钟信号线（或者选通线）才能发送或接收一个字节。后者就是人们常说的并行接口。

　　串口的硬件还负责产生恰当的定时信号、帧操作、错误检测以及符合异步串行通信标准的同步位。除此以外，串口硬件还提供了一个小规模的缓冲区，当一个字节正在发送或接收时，另一个字节可以准备好被发送。

8.1　硬件结构

　　USART（Universal Synchronous/Asynchronous Receiver/Transmitter）称为通用同步/异步接收/转发器。

　　每种 Arduino 控制板有至少一个串口 USART。ATmega328 有 1 个 USART，ATmega2560 有 4 个 USART。如果不需要串口，那么没用到的串口的 TX 和 RX 脚可以用作通用 I/O 脚。

8.1.1　USART 的硬件结构

　　如图 8-1 所示为 USART 硬件结构图。

　　USART 主要分为 3 部分：时钟发生器、发送器和接收器。

　　时钟发生器包含同步逻辑，它将波特率发生器和从机的外部时钟输入进行同步。USART 既支持同步模式，如主机同步模式和从机同步模式；也支持异步模式，如正常的异步模式和倍速的异步模式。

　　发送器主要包括处理不同的帧格式所需的控制逻辑单元，还包括一个写缓冲器、一个串行移位寄存器、一个奇偶发生器。

　　接收器具有时钟和数据恢复单元，它是 USART 模块中最复杂的部分。接收器不仅可以识别数据帧格式，还可以检测错误，如帧错误、数据过速和奇偶校验错误等。

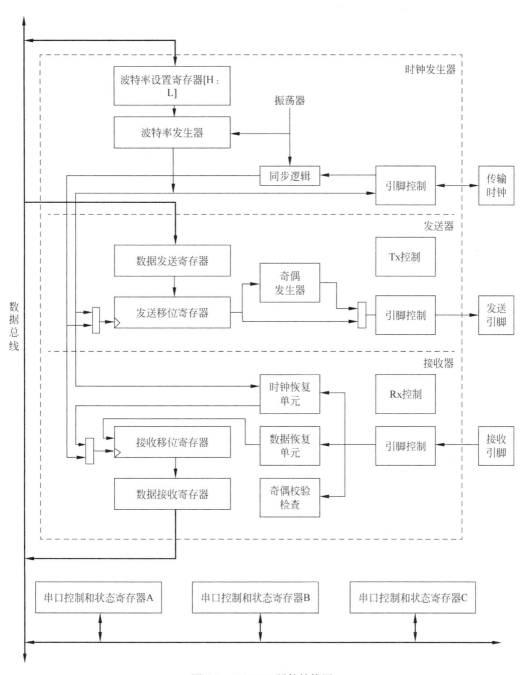

图 8-1 USART 硬件结构图

8.1.2 USART 的函数概览

一般串口通信协议都会有波特率、数据位、停止位、校验位等参数。在 Arduino 语言中，通过 Serial. begin()函数就可以轻松完成设置，只需要改变该函数的参数即可，例如，Serial . begin(9600)表示波特率为 9600b/s，其余参数默认即可。

Arduino 语言中还提供了 Serial. available()用于判断串口缓冲器状态、Serial. read()读串口、Serial. print()串口发送及 Serial. println()带换行符串口发送等函数，详见表 8-1。

表 8-1　USART 函数

函　　数	作　　用
if(Serial)	检查指定的串口是否准备好
Serial. available();	判断串口缓冲器的状态函数，用来判断数据是否送达串口
Serial. begin()	打开串口，定义波特率
Serial. end()	禁止串口传输函数
Serial. Event()	当串口有数据到达时调用该函数，然后使用 Serial. read()捕获该数据
Serial. find()	从串行缓冲器中读取数据，直到发现给定长度的目标字符串
Serial. findUntil()	从串口缓冲区读取数据，寻找目标字符串 target(char 型数组)，直到出现给定字符串 terminal(char 型)
Serial. flush()	清空缓冲器
Serial. parseFloat()	读串口缓冲区第一个有效的浮点型数据，数字将被跳过。当读到第一个非浮点数时函数结束
Serial. parseInt()	从串口接收数据流中读取第一个有效整数(包括负数)
Serial. peak()	返回收到的串口数据的下一个字节(字符)，但是并不把该数据从串口数据缓存中清除。也就是说，每次成功调用，peak()将返回相同的字符
Serial. print()	串口输出数据函数，写入字符串数据到串口，无换行。以人们可读的 ASCII 文本形式打印数据到串口输出
Serial. println()	打印数据到串行端口，输出人们可识别的 ASCII 码文本并回车
Serial. read()	读取串口数据，一次读一个字符，读完后删除已读数据
Serial. readBytes()	读取固定长度的二进制流
Serial. readBytesUntil()	如果检测到终止字符，或预设的读取长度读取完毕，或者时间到了，将字符从串行缓冲区读取到一个数组
Serial. readString()	从串口缓存区读取全部数据到一个字符串型变量
Serial. readStringUntil()	从串口缓存区读取字符到一个字符串型变量，直至读完或遇到某终止字符
Serial. SerialEvent()	串口数据准备好时触发的事件函数，即串口数据准备好调用该函数
Serial. setTimeout()	用于设置使用 Serial. readBytesUntil()或 Serial. readBytes()时等待串口数据的最大毫秒值，默认为 1000ms
Serial. write();	串口输出数据函数。写二进制数据到串口。数据是逐字节发送的，若以字符形式发送数字请使用 print()代替

8.2　串口通信实验

Arduino IDE 提供了一个串口监视器(如图 8-2 所示),用于显示 Arduino 发送的串口数据。通过串口监视器工具,可以方便地进行调试,可以从 Arduino 发送调试信息到计算机,并在计算机屏幕上显示出来,也可以通过在串口监视器"发送"按钮左侧的文本框中输入文本,从计算机发送数据到 Arduino。

比特率可以在右下角的下拉框中选择设置。通过单击"发送"按钮,再选择"没有行结束符"选项自动发送一个回车符,也可把"没有行结束符"换成想要的选项。

8.2.1　控制 Arduino UNO 板上的 LED

按照图 8-3 所示的电路连接硬件。

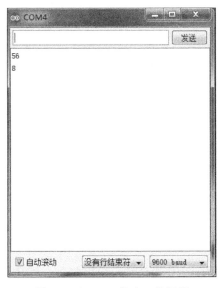

图 8-2　Arduino 的串口监视器

图 8-3　串口控制的电路连接

将下列程序复制到 Arduino IDE 中。

```
1  /******************************************************
2   * 程序 8-1:通过串口控制 LED 灯
3   ******************************************************/
4  #define led1 9
5  #define led2 8
6  char val = '1';
7  void setup()
8  {
```

```
9      Serial.begin(9600);
10     pinMode(led1,OUTPUT);
11     pinMode(led2,OUTPUT);
12   }
13   void loop()
14   {
15     if(Serial.available())
16       val = Serial.read();
17     if(val == '9')
18     {
19       digitalWrite(led1,HIGH);
20       delay(1000);
21     }
22     else
23       digitalWrite(led1,LOW);
24     if(val == '8')
25     {
26       digitalWrite(led2,HIGH);
27       delay(1000);
28     }
29     else
30       digitalWrite(led2,LOW);
31   }
```

在串口监视器中输入 9,连接在 Arduino UNO 控制器 D9 引脚的 LED 灯亮 1s 后熄灭；在串口监视器中输入 8,连接在 Arduino UNO 控制器 D8 引脚的 LED 灯亮 1s 后熄灭。

8.2.2 双 UNO 板串口通信传输数据

本实例采用两条杜邦线将两块 Arduino 板的通信口交叉连起来,其中一块 Arduino 每隔 1s 发送一个值为 0x55 的字节,另一块 Arduino 收到该字节后控制 13 号引脚的 LED 转换状态。

本实例的硬件连接非常简单,直接将一块开发板的 Tx 连接到另一块板的 Rx,而 Rx 连接另一块板的 Tx,如图 8-4 所示。

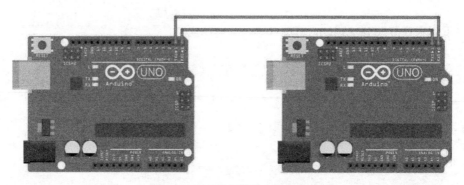

图 8-4 双 UNO 板的电路连接

由于实例用到了两块 Arduino,因此程序设计分为发送端和接收端两部分,先来看看发送端的程序,实例要求发送端每隔 1s 发送一个值为 0x55 的字节。

```
1    /************************************************************
2     * 程序 8-2: 发送端每隔 1s 发送一个值为 0x55 的字节
3     ************************************************************/
4    void setup()
5    {
6      //设置串口波特率为 9600bps
7      Serial.begin(9600);
8    }
9    void loop()
10   {
11     //延时 1s
12     delay(1000);
13     //输出 0x55
14     Serial.write(0x55);
15   }
```

接收端程序的任务是收到 0x55 后转换 13 号引脚的状态,代码如下:

```
1    /************************************************************
2     * 程序 8-3: 接收端收到 0x55 后控制 LED 灯
3     ************************************************************/
4    int ledflag;                    //LED 状态
5    void setup()
6    {
7      //设置串口波特率为 9600bps
8      Serial.begin(9600);
9      //设置 13 号引脚为输出
10     pinMode(13,OUTPUT);
11   }
12   void loop()
13   {
14     byte rxdata;
15     if(Serial.available())
16     {
17       rxdata = Serial.read();
18       if(rxdata == 0x55)
19       {
20         if(ledflag == 0)          //判断 LED 状态
21         {
22           ledflag = 1;
23           digitalWrite(13,HIGH);
24         }
```

```
25        else
26        {
27          ledflag = 0;
28          digitalWrite(13,LOW);
29        }
30      }
31    }
32 }
```

高级开发篇
Arduino的性能极限与高级开发

　　Arduino 尽了很大的努力,将最复杂的寄存器操作做了很好的封装,对普通的用户隐藏了芯片的复杂性。对于初学者来说,这是一件很好的事情;对于高级应用开发者来说,就需要了解更多底层细节,否则便会阻碍前进的步伐了。

　　标准的 Arduino 常常不支持高性能的要求,本篇采用寄存器操作的方式,充分挖掘单片机的潜力,提高产品性能。最后以超声精密测距单元设计作为实例,讲解工业产品开发时需要解决的问题。

　　第 9～13 章　首先引领大家学习高级开发的方法——直接学习 ATmega 328 datasheet;提供了直接操控 I/O 口寄存器产生高速方波的方法;标准 Arduino 模数转换速度较慢,采用直接操作相关寄存器的方法来提高速率;Arduino 没有定时器中断,第三方开发出了MsTimer2 库,通过它可以设置需要的定时器中断;Arduino 的 PWM 频率是固定的,所以介绍了提高工作频率的办法。

　　第 14 章和第 15 章　开源的 Arduino 具有丰富的硬件产品和软件资源,多样的开发板、第三方提供的库函数,特别是热门芯片都有 Arduino 的接口软件支持,这为快速新产品原型开发提供了巨大的便利。第 14 章还介绍了教学用多功能实验教学平台实例。

　　开源的 Arduino 社区为许多新型复杂芯片应用提供了库函数。在工业产品开发时除了要对外围芯片进行编程操作外,一般还要设计 Arduino 专用电路、PCB 板、BootLoader 的导入等问题。第 15 章以勘探测井用水下耐高温超声精密测距单元设计为例,详细对上述问题进行介绍。

第9章

ATmega328 数据手册

Arduino 团队尽了很大的努力,对普通用户隐藏了芯片的复杂性,方便了用户的开发。如果想进行更高级的应用开发,则需要了解芯片的更多信息。

本书从实用角度出发,不再讲述 AVR 最基本的型号,而是带领大家直接学习阅读被称为 Arduino 的"大脑"——ATmega328 单片机的 Datasheet(数据手册),学习 ATmega328 的内部组成、寄存器对芯片功能的控制、指令系统等。在阅读和理解了这里的内容后,读者应该会对 Arduino 的核心处理器的强大能力及其主要的能力极限有了更好的认识,也会知道到哪里去寻找完成复杂应用时所需要的更详细信息。这就是学会阅读 Datasheet 的最大益处。

Arduino 使用的单片机型号是 ATmega328、ATmega2560,它们都属于 Atmel 的 8 位 AVR 的 ATmega 系列。本章着重讲述 ATmega328 芯片,详细内容可参考芯片器件手册(从官方网站[①]可以免费下载)。

ATmega328 的 Datasheet 共约 650 页,详细介绍了以下主要内容:

(1) 引脚配置(Pin Configurations);

(2) 概述(Overview);

(3) AVR CPU 核(AVR CPU Core);

(4) AVR 存储器(AVR Memories);

(5) 系统时钟和时钟选项(System Clock and Clock Options);

(6) 电源管理和睡眠模式(Power Management and Sleep Modes);

(7) 系统控制和复位(System Control and Reset);

(8) 外部中断(External Interrupts);

(9) 输入/输出口(I/O-Ports);

(10) 带 PWM 的 8 位定时器/计数器(8-bit Timer/Counter0 with PWM);

(11) 带 PWM 的 16 位定时器/计数器(16-bit Timer/Counter1 with PWM);

(12) 定时器/计数器 0 和定时器/计数器 1 预分频器(Timer/Counter0 and Timer/

---

① https://www.microchip.com/wwwproducts/en/ATmega328P

Counter1 Prescalers);

（13）带脉宽调制和异步操作的 8 位定时器/计数器 2（8-bit Timer/Counter2 with PWM and Asynchronous Operation）；

（14）SPI 串行外围接口（SPI Serial Peripheral Interface）；

（15）异步串口 0（USART0）；

（16）SPI 模式下的 USART（USART in SPI Mode）；

（17）2 线串行接口（2-Wire Serial Interface）；

（18）模数转换器（Analog-to-Digital Converter）；

（19）片上调试系统（debugwire On-chip Debug System）；

（20）引导加载程序支持-读写自编程（BootLoader Support-Read-While-Write Self-Programming）；

（21）内存编程（Memory Programming）；

（22）寄存器概要（Register Summary）；

（23）指令集摘要（Instruction Set Summary）；

（24）封装信息（Packaging Information）；

下面重点介绍 ATmega328 的主要技术特性。

9.1 ATmega328 外部特性

9.1.1 ATmega328P 主要特性

微课视频 9
ATmega328
数据手册

表 9-1 给出了 ATmega328P 的主要特性。

表 9-1 ATmega328P 的主要特性

特 性	说 明
高性能、低功耗的 8 位 AVR 微处理器	先进的 RISC 结构
	131 条指令大多数指令为单个时钟周期
	32 个 8 位通用工作寄存器
	工作于 20MHz 时性能高达 20MIPS
	只需两个时钟周期的硬件乘法器
非易失性程序和数据存储器	32KB 的系统内可编程 Flash
	擦写寿命：10 000 次
	通过片上 Boot 程序实现系统内编程
	1024B 的 E^2PROM
	擦写寿命：100 000 次
	2KB 的片内 SRAM
	可以对锁定位进行编程以实现用户程序的加密

续表

特　性	说　明
外设特点	两个具有独立预分频器和比较器功能的 8 位定时器/计数器
	一个具有预分频器、比较功能和捕捉功能的 16 位定时器/计数器
	具有独立振荡器的实时计数器 RTC
	六通道 PWM
	8 路 10 位 ADC
	可编程的串行 USART
	可工作于主机/从机模式的 SPI 串行接口
	基于字节的 2-wire 串行接口
	具有独立片内振荡器的可编程看门狗定时器
	引脚电平变化可引发中断及唤醒 MCU
特殊的微控制器特点	上电复位(POR)以及可编程的掉电检测(BOD)
	经过校准的片内 RC 振荡器
	片内、片外中断源
	6 种休眠模式：空闲模式、ADC 噪声抑制模式、省电模式、掉电模式、待机模式和延长待机模式
I/O 和封装	23 个可编程的 I/O 口
	28 引脚 PDIP，32 引脚 TQFP，28 引脚 QFN/MLF，与 32 引脚 QFN/MLF 封装
工作电压	1.8～5.5V
工作温度范围	−40℃～85℃
工作速度等级	0～20MHz@1.8～5.5V
超低功耗	正常模式：1MHz,1.8V,25℃：0.2mA
	掉电模式：1.8V,0.1μA
	省电模式：1.8V,0.75μA

9.1.2　引脚排列与芯片封装

芯片封装是指安装半导体集成电路芯片用的外壳，它不仅起着安放、固定、密封、保护芯片和增强导热性能的作用，而且是沟通芯片内部电路同外部电路的桥梁。

ATmega328 有以下 4 种封装：32TQPF、28DIP、28MLPF、32MLPF，如图 9-1 所示。

9.1.3　电源、系统晶振、芯片复位引脚

ATmega328 处理器可以在很宽的供电电压范围(1.8～5.5V)内工作。ATmega328 电源电压和其对应的时钟频率如表 9-2 所示。

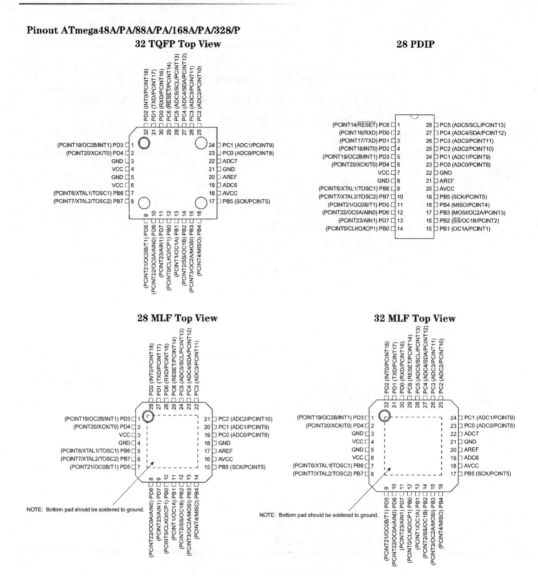

图 9-1　AVR 单片机的封装方式

表 9-2　ATmega328 电源电压及其对应的时钟频率

最高时钟频率/MHz	最小供电电压/V
4	1.8
10	2.7
20	4.5

　　ATmega328P(标有一个 P 后缀)具有 picoPower 低功耗技术,使得芯片既可以全速运行(在适合的供电电压下),也可以低功率减速运行。

　　芯片内部有两个独立的电源系统:数字电源,标识为 VCC,用于 CPU 内核、内存和数字型外围设备供电；模拟电源引脚 AVCC,用来给 ADC 和模拟比较器(AC)供电,当需要低噪声或高精度的模拟读数时,就可以给模拟部分加上额外的电源滤波。

AREF：模拟参考(analog reference)电压引脚有几种不同的用法,在软件中,ADC 可以选择几个模拟参考源,它们可以是连接到 AREF 引脚的外部电压源,也可以是内部参考电压。

XTAL1、XTAL2：片内反相振荡放大器和内部时钟操作电路的输入端/输出端。这两个脚一般既可以接一个石英晶体,以形成单片机的时钟电路的时基信号；也可以接一个陶瓷谐振器。陶瓷谐振器和石英晶体的功能差不多,但是通常精度和成本都要低一些。

RESET：芯片复位输入引脚。在该引脚上施加(拉低)一个最小脉冲宽度为 $1.5\mu s$ 的低电平,将引起芯片的硬件复位(外部复位)。把 RESET 引脚拉低到地并保持为低,就可使芯片进入 ISP(In-System Programming,在线编程)；把 RESET 引脚拉高到大约 12V,则芯片就会进入 HVPP(High Voltage Parallel Programming,高压并行编程)模式。

9.1.4 输入/输出引脚

通用输入/输出引脚分为 PB、PC 和 PD 3 个端口,3 个端口的第一功能是通用的双向数字输入/输出(I/O)口。在端口中,每个引脚都可以通过指令设置为独立的输入或输出。

通用 I/O 脚常常有其他的功能,这些功能一般是和内部外围设备有关的。

9.2 ATmega328 的内部结构与指令系统

尽管 AVR 单片机系列有几十种型号,但它们有着相同的内核结构,指令兼容。图 9-2 为典型的 AVR 单片机的内核结构图。AVR 单片机包括处理器核心、可编程的 FlashROM 和一些随机存储器、输入/输出端口、计时器、串行通信端口、模数转换器,甚至还有 USB 端口。

AVR 单片机与外界芯片通信是通过其丰富的 I/O 接口进行的,AVR 主要的片内外围设备包括通用 I/O 口、外部中断、定时/计数器、USRAT 和 TWI 模拟输入等。

简化的 AVR 单片机的结构框图如图 9-3 所示。

下面介绍 AVR 单片机内部的主要部件。

9.2.1 AVR 单片机内部的主要部件

(1) CPU 内核。CPU 内核结构如图 9-4 所示。

CPU 内核包含：

* ALU(Arithmetic Logic Unit,算术逻辑单元)；
* 32 个通用 8 位寄存器；
* 状态寄存器(Status Register,简称 SREG)中包括全局中断允许(I)和运算逻辑单元的运算结果处理位 C(进位)、Z(零位)、N(负数)、V(溢出)及符号位(S)等,用于程序流程控制判断；
* 程序计数器 PC(Program Counter)；

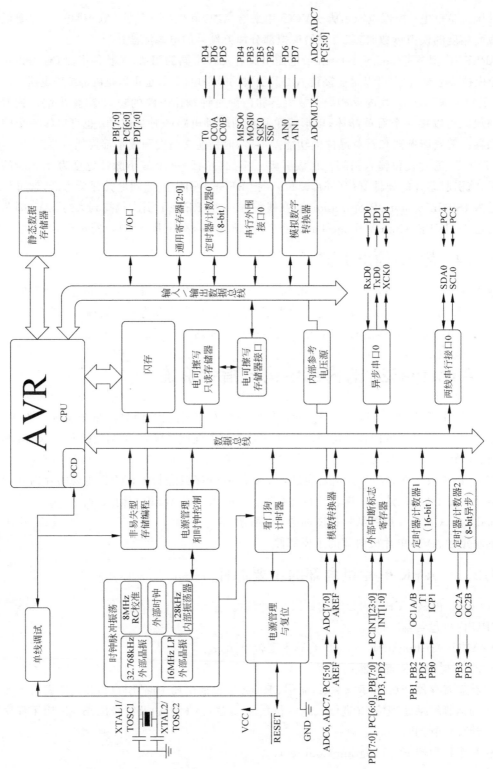

图 9-2 AVR 单片机的内核结构图

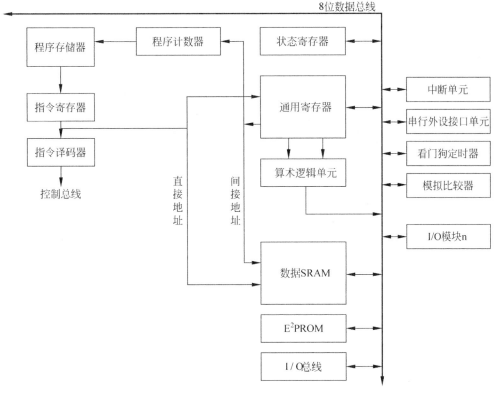

图 9-3 简化的 AVR 单片机的结构框图

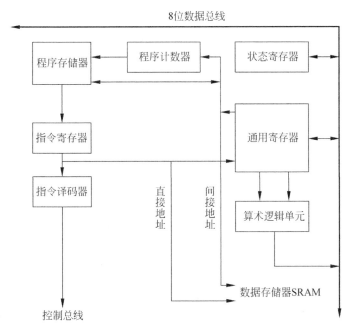

图 9-4 CPU 内核结构的方框图

- 指令译码器和指令寄存器。

(2) 数据 SRAM(Static Random-Access Memory)。数据存储器中的所有内存单元都可以通过地址访问,相对于动态 RAM,静态数据存储器不需要动态的时钟信号来刷新数据,但只能在芯片带电的情况下保存数据,如图 9-5 所示。

(3) 程序存储器。编写好的程序存储在单片机内的程序存储器(ROM、FlashROM、OTPROM)中。存储器由许多存储单元组成,指令就存放在这些单元中,每个存储单元都必须被分配到唯一的地址号,就像大楼的每个房间都被分配了唯一的房间号一样,该地址号称为存储单元的地址。

程序存储器空间分为两个区:引导程序区(Boot)和应用程序区,见图 9-6。这两个区都有专门的锁定位进行读和读/写保护。用于写应用程序区的 SPM 指令必须位于引导程序区。

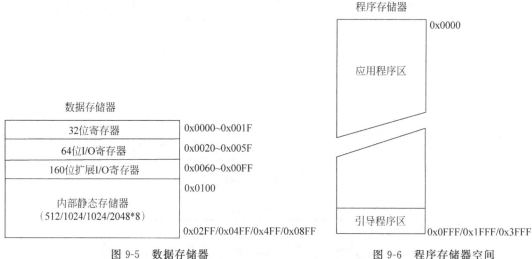

图 9-5　数据存储器　　　　图 9-6　程序存储器空间

(4) 电可擦除可编程只读存储器。ATmega328 中有 1KB 的 E^2PROM(Electrically Erasable,Programmable Read-Only Memory)。E^2PROM 和程序存储器相似,可以进行擦写,但是可擦写的次数要比程序存储器多得多,因此比较适合保存用户的配置数据或者其他易修改的数据。

(5) 看门狗定时器(Watch Dog Timer,WDT)。看门狗定时器是单片机的一个组成部分,实际上这是一个计数器,工作时给看门狗一个大数,程序开始运行后看门狗开始倒计数。如果程序运行正常,那么过一段时间 CPU 应发出指令让看门狗复位,重新开始倒计数。如果看门狗减数减到 0,就认为程序没有正常工作,强制整个系统复位。

(6) 时钟系统。时钟系统由一个片内振荡器组成,其时钟频率由外部的晶体或振荡器决定。这个谐振元件就是 Arduino 片内时钟系统的频率来源。同时,在片内也有两个电阻电容振荡器,频率分别是 8.0MHz 和 128kHz,这两个振荡器也可以提供时钟的频率。

(7) 通用 I/O。输入/输出端口作为通用数字 I/O 使用时,每个 I/O 端口都具有读、修改和写功能。每个端口都有 3 个 I/O 存储器地址：数据寄存器、数据方向寄存器和端口输入引脚。

每个端口的数据方向寄存器对应每个引脚有一个可编程的位。在复位的情况下该引脚为输入，如果将对应的位置为 1 则为输出。数据寄存器和数据方向寄存器为可读可写，而端口输入引脚只能读。

(8) 外部中断。ATmega328 的 INT0 和 INT1 引脚、ATmega2560 的 INT0～INT7 引脚是其外部中断引脚。INT 引脚不仅拥有独立的中断向量，还可以配置为低电平触发、上升沿触发、下降沿触发等触发方式。

而引脚变化中断方式则是在电平变化时触发，但不能指明 3 个端口中的哪个引脚触发了中断。

(9) 定时器/计数器。计数器能记录外部发生的事件，具有计数的功能。定时器是由单片机时钟源提供的一个非常稳定的计数源，通常两者是可以互相转换的。

ATmega328 有 3 个定时器/计数器外围设备，依次是定时器/计数器 0、定时器/计数器 1 和定时器/计数器 2。

顾名思义，这个外围设备可以用作定时器或计数器。当由外部信号触发时，它是计数器，当由系统时钟(或系统时钟产生的信号)触发时，它是定时器或时钟频率发生器(信号源)。

定时器/计数器可以设置成产生中断，这对于需要周期性地在预定时间做某些事情的程序非常有用。

另一个常用的功能是产生 PWM(Pulse-Width-Modulation，脉宽调制)信号。

(10) 通用同步/异步接收/转发器。通用同步/异步接收/转发器既可以同步进行接收/转发，也支持异步接收/转发。

(11) 两线串行接口。TWI 是一种 I^2C(Inter Integrated Circuit)设备。I^2C 是用于连接微控制器及其外围设备的缩写。I^2C 总线是许多芯片制造商采用的、流行的接口标准，很多厂家制造的设备都支持 I^2C 通信，如内存芯片、加速度计、时钟等。

I^2C 标准允许总线上最多 127 个设备。Arduino 用 Wire 库支持 I^2C 总线通信，TWI 接口与 I^2C 标准完全兼容。

(12) 模拟输入。ATmega 328 有 6 个模拟输入的端口，而 ATmega 2560 则有 16 个端口。

在 Arduino 上，模拟输入的端口为标着 A0～A5 的 5 个输入/输出口，而 ATmega2560 则为 A0～A16。这些模拟输入的电压范围为 0～5V，工作时将输入的电压转化为 0～1023 的对应值。

9.2.2　指令系统、寄存器及操作

对于比较简单的应用场合，Arduino 开发者并不需要了解 AVR 的指令集，Arduino 软件能够很好地完成把易懂的源代码翻译成正确的、能满足设计要求的机器代码序列的工作。

了解 AVR 内核的内部工作原理，可以让 Arduino 高级开发者在面对编程挑战时具有明显的优势，了解内部机制的优点和弱点有助于扬长避短地解决问题。

(1) 单片机的指令系统。指令就是把要求单片机执行的各种操作用命令的形式写下

来,一条指令对应一种基本操作(如数据传送、程序跳转等),单片机所能执行的全部指令就是该单片机的指令系统。

计算机的指令系统是一套控制计算机操作的代码,称为机器语言,计算机只能识别和执行机器语言的指令。为了便于人们理解、记忆和使用,通常用汇编语言指令来描述计算机的指令系统。汇编语言指令可被汇编器翻译成计算机能识别的机器语言。

为了使单片机能自动完成某一特定任务,必须把要解决的问题编写成一系列指令,不同种类的单片机,其指令系统也不相同。这一系列指令的集合就构成了程序。

(2) AVR单片机的指令系统。AVR的RISC结构的精简指令集是一种简明易掌握、效率高的指令系统。ATmega328有131条不同的指令,而ATmega2560有135条,因为ATmega2560的更大的程序存储器空间需要额外的指令。

AVR指令有些是16位的,有些是32位的。大多数指令在一个周期内就可执行完。指令主要可分成四大类,加上很少一些系统控制指令。表9-3是AVR器件的指令速查表。

表9-3 AVR指令速查表

指令	操作数	说 明	操 作	SREG 中受影响的标志位
算术和逻辑指令				
ADD	d,Rr	无进位加法	Rd←Rd+Rr	Z,C,N,V,H
ADC	d,Rr	带进位加法	Rd←Rd+Rr+C	Z,C,N,V,H
ADIW	dl,K	立即数与字相加	Rdh:Rdl←Rdh:Rdl+K	Z,C,N,V,S
SUB	d,Rr	无进位减法	Rd←Rd−Rr	Z,C,N,V,H
SUBI	d,K	减立即数	Rd←Rd−K	Z,C,N,V,H
SBC	Rd,Rr	带进位减法	Rd←Rd−Rr−C	Z,C,N,V,H
SBCI	Rd,K	带进位减立即数	Rd←Rd−K−C	Z,C,N,V,H
SBIW	Rdl,K	从字中减立即数	Rdh:Rdl←Rdh:Rdl−K	Z,C,N,V,S
AND	Rd,Rr	逻辑与	Rd←Rd · Rr	Z,N,V
ANDI	Rd,K	与立即数的逻辑与操作	Rd←Rd · K	Z,N,V
OR	Rd,Rr	逻辑或	Rd←Rd∨Rr	Z,N,V
ORI	Rd,K	与立即数的逻辑或操作	Rd←Rd∨K	Z,N,V
EOR	Rd,Rr	异或	Rd←Rd⊕Rr	Z,N,V
COM	Rd	1的补码	Rd←0xFF−Rd	Z,C,N,V
NEG	Rd	2的补码	Rd←0x00−Rd	Z,C,N,V,H
SBR	Rd,K	设置寄存器的位	Rd←Rd∨K	Z,N,V
CBR	Rd,K	寄存器位清零	Rd←Rd · (0xFF−K)	Z,N,V
INC	Rd	加1操作	Rd←Rd+1	Z,N,V
DEC	Rd	减1操作	Rd←Rd−1	Z,N,V
TST	Rd	测试是否为零或负	Rd←Rd · Rd	Z,N,V
CLR	Rd	寄存器清零	Rd←Rd⊕Rd	Z,N,V
SER	Rd	寄存器置位	Rd←0xFF	None
MUL	Rd,Rr	无符号数乘法	R1:R0←Rd x Rr	Z,C
MULS	Rd,Rr	有符号数乘法	R1:R0←Rd x Rr	Z,C

续表

指令	操作数	说 明	操 作	SREG 中受影响的标志位
算术和逻辑指令				
MULSU	Rd,Rr	有符号数与无符号数乘法	R1:R0←Rd×Rr	Z,C
FMUL	Rd,Rr	无符号小数乘法	R1:R0←(Rd×Rr)<< 1	Z,C
FMULS	Rd,Rr	有符号小数乘法	R1:R0←(Rd×Rr)<< 1	Z,C
FMULSU	Rd,Rr	有符号小数与无符号小数乘法	R1:R0←(Rd×Rr)<< 1	Z,C
跳转指令				
RJMP	k	相对跳转	PC←PC+k+1	None
IJMP		间接跳转到(Z)	PC←Z	None
JMP(1)	k	跳转	PC←k	None
RCALL	k	相对子程序调用	PC←PC+k+1	None
ICALL		间接调用(Z)	PC←Z	None
CALL(1)	k	调用子程序	PC←k	None
RET		子程序返回	PC←STACK	None
RETI		中断返回	PC←STACK	I
CPSE	Rd,Rr	比较,相等则跳过下一条指令	if(Rd=Rr)PC←PC+2 or 3	None
CP	Rd,Rr	比较	Rd−Rr	Z,N,V,C,H
CPC	Rd,Rr	带进位比较	Rd−Rr−C	Z,N,V,C,H
CPI	Rd,K	与立即数比较	Rd−K	Z,N,V,C,H
SBRC	Rr,b	寄存器位为 0,则跳过下一条指令	if(Rr(b)=0)PC←PC+2 or 3	None
SBRS	Rr,b	寄存器位为 1,则跳过下一条指令	if(Rr(b)=1)PC←PC+2 or 3	None
SBIC	P,b	I/O 寄存器位为 0,则跳过下一条指令	if(P(b)=0)PC←PC+2 or 3	None
SBIS	P,b	I/O 寄存器位为 1,则跳过下一条指令	if(P(b)=1)PC←PC+2 or 3	None
BRBS	s,k	状态寄存器为 1,则跳过下一条指令	if(SREG(s)=1)then PC←PC+k+1	None
BRBC	s,k	状态寄存器为 0,则跳过下一条指令	if(SREG(s)=0)then PC←PC+k+1	None
BREQ	k	相等则跳转	if(Z=1)then PC←PC+k+1	None
BRNE	k	不相等则跳转	if(Z=0)then PC←PC+k+1	None
BRCS	k	进位位为 1,则跳转	if(C=1)then PC←PC+k+1	None
BRCC	k	进位位为 0,则跳转	if(C=0)then PC←PC+k+1	None
BRSH	k	大于或等于则跳转	if(C=0)then PC←PC+k+1	None
BRLO	k	小于则跳转	if(C=1)then PC←PC+k+1	None
BRMI	k	负则跳转	if(N=1)then PC←PC+k+1	None
BRPL	k	正则跳转	if(N=0)then PC←PC+k+1	None
BRGE	k	有符号数大于或等于则跳转	if(N⊕V=0)then PC←PC+k+1	None

续表

指令	操作数	说　明	操　作	SREG 中受影响的标志位
		跳转指令		
BRLT	k	有符号数负则跳转	if(N⊕V=1)then PC←PC+k+1	None
BRHS	k	半进位位为1,则跳转	if(H=1)then PC←PC+k+1	None
BRHC	k	半进位为0,则跳转	if(H=0)then PC←PC+k+1	None
BRTS	k	T为1,则跳转	if(T=1)then PC←PC+k+1	None
BRTC	k	T为0,则跳转	if(T=0)then PC←PC+k+1	None
BRVS	k	溢出标志为1,则跳转	if(V=1)then PC←PC+k+1	None
BRVC	k	溢出标志为0,则跳转	if(V=0)then PC←PC+k+1	None
BRIE	k	中断使能,则跳转	if(I=1)then PC←PC+k+1	None
BRID	k	中断禁止,则跳转	if(I=0)then PC←PC+k+1	None
		位和位测试指令		
SBI	P,b	I/O 寄存器位置位	I/O(P,b)←1	None
CBI	P,b	I/O 寄存器位清零	I/O(P,b)←0	None
LSL	Rd	逻辑左移	Rd(n+1)←Rd(n),Rd(0)←0	Z,C,N,V
LSR	Rd	逻辑右移	Rd(n)←Rd(n+1),Rd(7)←0	Z,C,N,V
ROL	Rd	带进位循环左移	Rd(0)←C,Rd(n+1)←Rd(n),C←Rd(7)	Z,C,N,V
ROR	Rd	带进位循环右移	Rd(7)←C,Rd(n)←Rd(n+1),C←Rd(0)	Z,C,N,V
ASR	Rd	算术右移	Rd(n)←Rd(n+1),n=0..6	Z,C,N,V
SWAP	Rd	高低半字节交换	Rd(3..0)←Rd(7..4),Rd(7..4)←Rd(3..0)	None
BSET	s	标识位置位	SREG(s)←1	SREG(s)
BCLR	s	标志清零	SREG(s)←0	SREG(s)
BST	Rr,b	从寄存器将位赋给 T	T←Rr(b)	T
BLD	Rd,b	将 T 赋给寄存器位	Rd(b)←T	None
SEC		进位位置位	C←1	C
CLC		进位清零	C←0	C
SEN		负标志位置位	N←1	N
CLN		负标志位清零	N←0	N
SEZ		零标志位置位	Z←1	Z
CLZ		零标志位清零	Z←0	Z
SEI		全局中断使能	I←1	I
CLI		全局中断禁用	I←0	I
SES		符号测试标志位置位	S←1	S
CLS		符号测试标志位清零	S←0	S
SEV		2 的补码溢出标志位置位	V←1	V

续表

指令	操作数	说　　明	操　　作	SREG 中受影响的标志位
		位和位测试指令		
CLV		2 的补码溢出标志清零	V←0	V
SET		SREG 的 T 置位	T←1	T
CLT		SREG 的 T 清零	T←0	T
SEH		SREG 的半进位标志位置位	H←1	H
CLH		SREG 的半进位标志清零	H←0	H
		数据传送指令		
MOV	Rd,Rr	寄存器间复制	Rd←Rr	None
MOVW	Rd,Rr	复制寄存器字	Rd+1:Rd←Rr+1:Rr	None
LDI	Rd,K	加载立即数	Rd←K	None
LD	Rd,X	加载间接寻址数据	Rd←(X)	None
LD	Rd,X+	加载间接寻址数据,然后地址加 1	Rd←(X),X←X+1	None
LD	Rd,−X	地址减 1 后加载间接寻址数据	X←X−1,Rd←(X)	None
LD	Rd,Y	加载间接寻址数据	Rd←(Y)	None
LD	Rd,Y+	加载间接寻址数据,然后地址加 1	Rd←(Y),Y←Y+1	None
LD	Rd,−Y	地址减 1 后加载间接寻址数据	Y←Y−1,Rd←(Y)	None
LDD	Rd,Y+q	加载带偏移量的间接寻址数据	Rd←(Y+q)	None
LD	Rd,Z	加载间接寻址数据	Rd←(Z)	None
LD	Rd,Z+	加载间接寻址数据,然后地址加 1	Rd←(Z),Z←Z+1	None
LD	Rd,−Z	地址减 1 后加载间接寻址数据	Z←Z−1,Rd←(Z)	None
LDD	Rd,Z+q	加载带偏移量的间接寻址数据	Rd←(Z+q)	None
LDS	Rd,k	从 SRAM 加载数据	Rd←(k)	None
ST	X,Rr	以间接寻址方式存储数据	(X)←Rr	None
ST	X+,Rr	以间接寻址方式存储数据,然后地址加 1	(X)←Rr,X←X+1	None
ST	−X,Rr	地址减 1 后以间接寻址方式存储数据	X←X−1,(X)←Rr	None
ST	Y,Rr	加载间接寻址数据	(Y)←Rr	None
ST	Y+,Rr	加载间接寻址数据,然后地址加 1	(Y)←Rr,Y←Y+1	None
ST	−Y,Rr	地址减 1 后加载间接寻址数据	Y←Y−1,(Y)←Rr	None
STD	Y+q,Rr	加载带偏移量的间接寻址数据	(Y+q)←Rr	None
ST	Z,Rr	加载间接寻址数据	(Z)←Rr	None
ST	Z+,Rr	加载间接寻址数据,然后地址加 1	(Z)←Rr,Z←Z+1	None

续表

指令	操作数	说　明	操　　作	SREG 中受影响的标志位
		数据传送指令		
ST	−Z,Rr	地址减 1 后加载间接寻址数据	Z←Z−1,(Z)←Rr	None
STD	Z+q,Rr	加载带偏移量的间接寻址数据	(Z+q)←Rr	None
STS	k,Rr	从 SRAM 加载数据	(k)←Rr	None
LPM		加载程序空间的数据	R0←(Z)	None
LPM	Rd,Z	加载程序空间的数据	Rd←(Z)	None
LPM	Rd,Z+	加载程序空间的数据,然后地址加 1	Rd←(Z),Z←Z+1	None
SPM		保存程序空间的数据	(Z)←R1:R0	None
IN	Rd,P	从 I/O 端口读数据	Rd←P	None
OUT	P,Rr	向 I/O 端口输出数据	P←Rr	None
PUSH	Rr	将寄存器推入堆栈	STACK←Rr	None
POP	Rd	将寄存器弹出堆栈	Rd←STACK	None
		MCU 控制		
SLEEP		使单片机休眠	详见每种不同的型号说明	None
WDR		看门狗复位	详见每种不同的型号说明	None
BREAK		跳出	只在 On-chip 调试时可用	None

9.3　操作管理寄存器的配置和编程

在基本掌握了单片机的开发技术,具有一定开发基础后,最重要的学习内容是对相关寄存器的编程。

9.3.1　单片机的寄存器配置

在单片机程序中,大多是对单片机的寄存器进行配置或是获取单片机寄存器的数据。看哪种单片机程序,就要学会看哪种单片机的寄存器定义。知道了寄存器的定义,就知道如何配置寄存器或是获取的寄存器数据所代表的意义了。

在 ATmega328P 中,每个 I/O 口的工作方式由数据寄存器、数据方向寄存器、输入引脚寄存器来控制,下面以端口 B 为例介绍,见图 9-7 和表 9-4。

PORTB:数据寄存器,用于对端口写入要输出的状态。

当 PORTB=1 时,I/O 引脚呈现高电平,同时可提供输出 20mA 的电流;当 PORTB=0 时,I/O 引脚呈现低电平,同时可吸纳 20mA 电流。

DDRB:数据方向寄存器,当 DDRB=1 时,I/O 口处于输出工作方式,此时数据寄存器 PORTx 中的数据通过一个推挽电路输出到外部引脚;当 DDRB=0 时,I/O 口处于输入工

PORTB-The Port B Data Register

Bit	7	6	5	4	3	2	1	0	
0x05(0x25)	PORTB7	PORTB6	PORTB5	PORTB4	PORTB3	PORTB2	PORTB1	PORTB0	PORTB
Read/Write	R/W	R/W	R/W	R/W	R/W	R/W	R/W	R/W	
Initial Value	0	0	0	0	0	0	0	0	

DDRB-The Port B Data Direction Register

Bit	7	6	5	4	3	2	1	0	
0x04(0x24)	DDB7	DDB6	DDB5	DDB4	DDB3	DDB2	DDB1	DDB0	DDRB
Read/Write	R/W	R/W	R/W	R/W	R/W	R/W	R/W	R/W	
Initial Value	0	0	0	0	0	0	0	0	

PINB-The Port B Input Pins Address

Bit	7	6	5	4	3	2	1	0	
0x03(0x23)	PINB7	PINB6	PINB5	PINB4	PINB3	PINB2	PINB1	PINB0	PINB
Read/Write	R/W	R/W	R/W	R/W	R/W	R/W	R/W	R/W	
Initial Value	N/A	N/A	N/A	N/A	N/A	N/A	N/A	N/A	

图 9-7 I/O 口寄存器

表 9-4 端口配置

DDRB	PORTB	I/O 端口	注　释	内置上拉电阻
0	0	输入	高阻态模式(Hi-Z)	No
0	1	输入	外接低电平则输出电流	Yes
1	0	输出	输出低电平	No
1	1	输出	输出高电平	No

作方式。

PINB：输入引脚寄存器，用于从端口读取输入数据。

当 DDRB＝0 时，I/O 处于输入工作方式，该端口可以用于信号输入引脚或者工作在高阻抗(Hi-Z)模式下。通过读 I/O 指令，可将外部引脚的实际电平读入。

9.3.2 对操作管理寄存器编程

如图 9-8 所示为对操作管理寄存器编程。

在汇编语言代码中，使用了指令集中的指令"LDI Rd,K"，即将 K 加载到 Rd 中。代码示例演示如何将端口 B 的引脚 0、引脚 1、引脚 6、引脚 7 设为高，之后将端口 B 的引脚 0、引脚 1、引脚 2、引脚 3 置为输入，再读入端口 B 的引脚值。C 语言代码完成了相同的功能。

各种寄存器的定义、功能、状态、相互之间的关系和应用比较复杂，同相应的功能单元的使用紧密相关，用户应熟悉各个寄存器的作用以及如何与不同的功能单元的配合使用，这样才能通过程序指令对其编程操作，这也是单片机系统设计中最难的地方。但幸运的是，Arduino 为其做了良好的封装，大部分基本应用都可以通过 Arduino 自动控制相应的寄存器。

汇编语言代码
...
; 定义上拉，设置输出为高
; 为端口引脚定义方向
ldi   r16,(1<<PORTB7)|(1<<PORTB6)|(1<<PORTB1)|(1<<PORTB0)
ldi   r17,(1<<DDB3)|(1<<DDB2)|(1<<DDB1)|(1<<DDB0)
out   PORTB,r16
out   DDRB,r17
; 插入nop语句，用于同步
nop
; 读端口引脚
in   r16,PINB
...

C语言代码
unsigned char i;
/* 定义上拉，设置输出为高 */
/* 为端口引脚定义方向 */
PORTB = (1<<PORTB7)|(1<<PORTB6)|(1<<PORTB1)|(1<<PORTB0);
DDRB = (1<<DDB3)|(1<<DDB2)|(1<<DDB1)|(1<<DDB0);
/* 插入nop语句，用于同步*/
__no_operation();
/* 读端口引脚 */
i = PINB;
...

图 9-8　对操作管理寄存器编程

但是 Arduino 的性能指标有时不能满足用户的要求，比如 Arduino 中 PWM 的频率固定为 490Hz，当需要不同的 PWM 频率时，就需要通过配置 A/D 转换中相应的分频比来达到要求。

在掌握了单片机芯片中各个操作管理寄存器的作用、功能、定义之后，就可以充分发挥单片机的所有特点和性能，设计和开发出高性能、低成本的电子产品。

9.4　高级开发用的寄存器

在进行 Arduino 高级开发时，需要给出 I/O 寄存器的正确地址和准确的寄存器名称，以及功能位对应的位名称。为读者查询方便，本节给出了完整的统一编址寄存器地址，本书配套资源文件中给出了对 Arduino 寄存器操作时需要的寄存器名称和功能位。

AVR 单片机存储器采用了哈佛结构,具有独立的数据和程序总线,将 SRAM、寄存器组和外设 I/O 寄存器数据存储映射在数据地址空间中,大大提高了 CPU 的运行效率。

单片机通常需要在程序运行过程中保存一些变量和变化的数据。在 AVR 中是 SRAM (Static Random-Access Memory,静态随机存取器)。只要芯片还有电,SRAM 中就保持着数据。不过,当掉电时,内存中的状态是不确定的。ATmega328 芯片有 2KB 的 SRAM,地址为 0x0100～0x08FF。

在 AVR 单片机中,将内部寄存器(如工作寄存器、I/O 寄存器等)在逻辑上也划分在 RAM 空间中,这样既可以使用专用的寄存器操作指令对寄存器进行操作,也可将寄存器当作 RAM 使用,为程序设计提供了方便性和灵活性。

I/O 空间为连续的 64 个 I/O 寄存器空间,它们分别对应单片机各个外围功能的控制和数据寄存器地址,如控制寄存器、定时器/计数器、A/D 转换器及其他的 I/O 功能等。所有的片内外围设备都是通过 I/O 地址空间访问的,每个外围设备都要用到一个或多个寄存器,这些寄存器的位设置决定了外围设备的行为,比如串口的波特率或者通用 I/O 脚的方向(输入或输出)。表 9-5 为 0x0020～0x00FF 的 I/O 寄存器。

表 9-5　I/O 寄存器

地　址	名　称	Bit 7	Bit 6	Bit 5	Bit 4	Bit 3	Bit 2	Bit 1	Bit 0
(0xFF)	保留	—	—	—	—	—	—	—	—
(0xFE)	保留	—	—	—	—	—	—	—	—
(0xFD)	保留	—	—	—	—	—	—	—	—
(0xFC)	保留	—	—	—	—	—	—	—	—
(0xFB)	保留	—	—	—	—	—	—	—	—
(0xFA)	保留	—	—	—	—	—	—	—	—
(0xF9)	保留	—	—	—	—	—	—	—	—
(0xF8)	保留	—	—	—	—	—	—	—	—
(0xF7)	保留	—	—	—	—	—	—	—	—
(0xF6)	保留	—	—	—	—	—	—	—	—
(0xF5)	保留	—	—	—	—	—	—	—	—
(0xF4)	保留	—	—	—	—	—	—	—	—
(0xF3)	保留	—	—	—	—	—	—	—	—
(0xF2)	保留	—	—	—	—	—	—	—	—
(0xF1)	保留	—	—	—	—	—	—	—	—
(0xF0)	保留	—	—	—	—	—	—	—	—
(0xEF)	保留	—	—	—	—	—	—	—	—
(0xEE)	保留	—	—	—	—	—	—	—	—
(0xED)	保留	—	—	—	—	—	—	—	—
(0xEC)	保留	—	—	—	—	—	—	—	—
(0xEB)	保留	—	—	—	—	—	—	—	—
(0xEA)	保留	—	—	—	—	—	—	—	—

续表

地　址	名　称	Bit 7	Bit 6	Bit 5	Bit 4	Bit 3	Bit 2	Bit 1	Bit 0
(0xE9)	保留	—	—	—	—	—	—	—	—
(0xE8)	保留	—	—	—	—	—	—	—	—
(0xE7)	保留	—	—	—	—	—	—	—	—
(0xE6)	保留	—	—	—	—	—	—	—	—
(0xE5)	保留	—	—	—	—	—	—	—	—
(0xE4)	保留	—	—	—	—	—	—	—	—
(0xE3)	保留	—	—	—	—	—	—	—	—
(0xE2)	保留	—	—	—	—	—	—	—	—
(0xE1)	保留	—	—	—	—	—	—	—	—
(0xE0)	保留	—	—	—	—	—	—	—	—
(0xDF)	保留	—	—	—	—	—	—	—	—
(0xDE)	保留	—	—	—	—	—	—	—	—
(0xDD)	保留	—	—	—	—	—	—	—	—
(0xDC)	保留	—	—	—	—	—	—	—	—
(0xDB)	保留	—	—	—	—	—	—	—	—
(0xDA)	保留	—	—	—	—	—	—	—	—
(0xD9)	保留	—	—	—	—	—	—	—	—
(0xD8)	保留	—	—	—	—	—	—	—	—
(0xD7)	保留	—	—	—	—	—	—	—	—
(0xD6)	保留	—	—	—	—	—	—	—	—
(0xD5)	保留	—	—	—	—	—	—	—	—
(0xD4)	保留	—	—	—	—	—	—	—	—
(0xD3)	保留	—	—	—	—	—	—	—	—
(0xD2)	保留	—	—	—	—	—	—	—	—
(0xD1)	保留	—	—	—	—	—	—	—	—
(0xD0)	保留	—	—	—	—	—	—	—	—
(0xCF)	保留	—	—	—	—	—	—	—	—
(0xCE)	保留	—	—	—	—	—	—	—	—
(0xCD)	保留	—	—	—	—	—	—	—	—
(0xCC)	保留	—	—	—	—	—	—	—	—
(0xCB)	保留	—	—	—	—	—	—	—	—
(0xCA)	保留	—	—	—	—	—	—	—	—
(0xC9)	保留	—	—	—	—	—	—	—	—
(0xC8)	保留	—	—	—	—	—	—	—	—
(0xC7)	保留	—	—	—	—	—	—	—	—
(0xC6)	UDR0	USART I/O 数据寄存器							
(0xC5)	UBRR0H					USART 波特率寄存器高位			
(0xC4)	UBRR0L	USART 波特率寄存器低位							
(0xC3)	保留	—	—	—	—	—	—	—	—

地　址	名　称	Bit 7	Bit 6	Bit 5	Bit 4	Bit 3	Bit 2	Bit 1	Bit 0
(0xC2)	UCSR0C	UMSEL01	UMSEL00	UPM01	UPM00	USBS0	UCSZ01/ UDORD0	CSZ00/ UCPHA0	UCPOL0
(0xC1)	UCSR0B	RXCIE0	TXCIE0	UDRIE0	RXEN0	TXEN0	UCSZ02	RXB80	TXB80
(0xC0)	UCSR0A	RXC0	TXC0	UDRE0	FE0	DOR0	UPE0	U2X0	MPCM0
(0xBF)	保留	—	—	—	—	—	—	—	—
(0xBE)	保留	—	—	—	—	—	—	—	—
(0xBD)	TWAMR	TWAM6	TWAM5	TWAM4	TWAM3	TWAM2	TWAM1	TWAM0	—
(0xBC)	TWCR	TWINT	TWEA	TWSTA	TWSTO	TWWC	TWEN	—	TWIE
(0xBB)	TWDR	两线串行接口数据寄存器 r							
(0xBA)	TWAR	TWA6	TWA5	TWA4	TWA3	TWA2	TWA1	TWA0	TWGCE
(0xB9)	TWSR	TWS7	TWS6	TWS5	TWS4	TWS3	—	TWPS1	TWPS0
(0xB8)	TWBR	两线串行接口位率寄存器							
(0xB7)	保留	—	—	—	—	—	—	—	—
(0xB6)	ASSR	—	EXCLK	AS2	TCN2UB	OCR2AUB	OCR2BUB	CR2AUB	TCR2BUB
(0xB5)	保留	—	—	—	—	—	—	—	—
(0xB4)	OCR2B	定时器/计数器 2 输出比较寄存器 B							
(0xB3)	OCR2A	定时器/计数器 2 输出比较寄存器 A							
(0xB2)	TCNT2	定时器/计数器 2(8 位)							
(0xB1)	TCCR2B	FOC2A	FOC2B	—	—	WGM22	CS22	CS21	CS20
(0xB0)	TCCR2A	COM2A1	COM2A0	COM2B1	COM2B0	—	—	WGM21	WGM20
(0xAF)	保留	—	—	—	—	—	—	—	—
(0xAE)	保留	—	—	—	—	—	—	—	—
(0xAD)	保留	—	—	—	—	—	—	—	—
(0xAC)	保留	—	—	—	—	—	—	—	—
(0xAB)	保留	—	—	—	—	—	—	—	—
(0xAA)	保留	—	—	—	—	—	—	—	—
(0xA9)	保留	—	—	—	—	—	—	—	—
(0xA8)	保留	—	—	—	—	—	—	—	—
(0xA7)	保留	—	—	—	—	—	—	—	—
(0xA6)	保留	—	—	—	—	—	—	—	—
(0xA5)	保留	—	—	—	—	—	—	—	—
(0xA4)	保留	—	—	—	—	—	—	—	—
(0xA3)	保留	—	—	—	—	—	—	—	—
(0xA2)	保留	—	—	—	—	—	—	—	—
(0xA1)	保留	—	—	—	—	—	—	—	—
(0xA0)	保留	—	—	—	—	—	—	—	—
(0x9F)	保留	—	—	—	—	—	—	—	—
(0x9E)	保留	—	—	—	—	—	—	—	—
(0x9D)	保留	—	—	—	—	—	—	—	—

地 址	名 称	Bit 7	Bit 6	Bit 5	Bit 4	Bit 3	Bit 2	Bit 1	Bit 0
(0x9C)	保留	—	—	—	—	—	—	—	—
(0x9B)	保留	—	—	—	—	—	—	—	—
(0x9A)	保留	—	—	—	—	—	—	—	—
(0x99)	保留	—	—	—	—	—	—	—	—
(0x98)	保留	—	—	—	—	—	—	—	—
(0x97)	保留	—	—	—	—	—	—	—	—
(0x96)	保留	—	—	—	—	—	—	—	—
(0x95)	保留	—	—	—	—	—	—	—	—
(0x94)	保留	—	—	—	—	—	—	—	—
(0x93)	保留	—	—	—	—	—	—	—	—
(0x92)	保留	—	—	—	—	—	—	—	—
(0x91)	保留	—	—	—	—	—	—	—	—
(0x90)	保留	—	—	—	—	—	—	—	—
(0x8F)	保留	—	—	—	—	—	—	—	—
(0x8E)	保留	—	—	—	—	—	—	—	—
(0x8D)	保留	—	—	—	—	—	—	—	—
(0x8C)	保留	—	—	—	—	—	—	—	—
(0x8B)	OCR1BH	定时器/计数器 1 输出比较寄存器 B 高字节							
(0x8A)	OCR1BL	定时器/计数器 1 输出比较寄存器 B 低字节							
(0x89)	OCR1AH	定时器/计数器 1 输出比较寄存器 A 高字节							
(0x88)	OCR1AL	定时器/计数器 1 输出比较寄存器 A 低字节							
(0x87)	CR1H	定时器/计数器 1 输入捕获寄存器高字节							
(0x86)	ICR1L	定时器/计数器 1 输入捕获寄存器低字节							
(0x85)	TCNT1H	定时器/计数器 1 计数器寄存器高字节							
(0x84)	TCNT1L	定时器/计数器 1 计数器寄存器低字节							
(0x83)	保留	—	—	—	—	—	—	—	—
(0x82)	TCCR1C	FOC1A	FOC1B	—	—	—	—	—	—
(0x81)	TCCR1B	ICNC1	ICES1	—	WGM13	WGM12	CS12	CS11	CS10
(0x80)	TCCR1A	COM1A1	COM1A0	COM1B1	COM1B0	—	—	WGM11	WGM10
(0x7F)	DIDR1	—	—	—	—	—	—	AIN1D	AIN0D
(0x7E)	DIDR0	—	—	ADC5D	ADC4D	ADC3D	ADC2D	ADC1D	ADC0D
(0x7D)	保留	—	—	—	—	—	—	—	—
(0x7C)	ADMUX	REFS1	REFS0	ADLAR	—	MUX3	MUX2	MUX1	MUX0
(0x7B)	ADCSRB	—	ACME	—	—	—	ADTS2	ADTS1	ADTS0
(0x7A)	ADCSRA	ADEN	ADSC	ADATE	ADIF	ADIE	ADPS2	ADPS1	ADPS0
(0x79)	ADCH	ADC 数据寄存器高字节							
(0x78)	ADCL	ADC 数据寄存器低字节							
(0x77)	保留	—	—	—	—	—	—	—	—
(0x76)	保留	—	—	—	—	—	—	—	—

续表

地 址	名 称	Bit 7	Bit 6	Bit 5	Bit 4	Bit 3	Bit 2	Bit 1	Bit 0
(0x75)	保留	—	—	—	—	—	—	—	—
(0x74)	保留	—	—	—	—	—	—	—	—
(0x73)	保留	—	—	—	—	—	—	—	—
(0x72)	保留	—	—	—	—	—	—	—	—
(0x71)	保留	—	—	—	—	—	—	—	—
(0x70)	TIMSK2	—	—	—	—	—	OCIE2B	OCIE2A	TOIE2
(0x6F)	TIMSK1	—	—	ICIE1	—	—	OCIE1B	OCIE1A	TOIE1
(0x6E)	TIMSK0	—	—	—	—	—	OCIE0B	OCIE0A	TOIE0
(0x6D)	PCMSK2	PCINT23	PCINT22	PCINT21	PCINT20	PCINT19	PCINT18	PCINT17	PCINT16
(0x6C)	PCMSK1	—	PCINT14	PCINT13	PCINT12	PCINT11	PCINT10	PCINT9	PCINT8
(0x6B)	PCMSK0	PCINT7	PCINT6	PCINT5	PCINT4	PCINT3	PCINT2	PCINT1	PCINT0
(0x6A)	保留	—	—	—	—	—	—	—	—
(0x69)	EICRA	—	—	—	—	ISC11	ISC10	ISC01	ISC00
(0x68)	PCICR	—	—	—	—	—	PCIE2	PCIE1	PCIE0
(0x67)	保留	—	—	—	—	—	—	—	—
(0x66)	OSCCAL	振荡器寄存器							
(0x65)	保留								
(0x64)	PRR	PRTWI	PRTIM2	PRTIM0	—	PRTIM1	PRSPI	PRUSART0	PRADC
(0x63)	保留								
(0x62)	保留								
(0x61)	CLKPR	CLKPCE	—	—	—	CLKPS3	CLKPS2	CLKPS1	CLKPS0
(0x60)	WDTCSR	WDIF	WDIE	WDP3	WDCE	WDE	WDP2	WDP1	WDP0
0x3F (0x5F)	SREG	I	T	H	S	V	N	Z	C
0x3E (0x5E)	SPH	—	—	—	—	—	(SP10)5.	SP9	SP8
0x3D (0x5D)	SPL	SP7	SP6	SP5	SP4	SP3	SP2	SP1	SP0
0x3C (0x5C)	保留	—	—	—	—	—	—	—	—
0x3B (0x5B)	保留	—	—	—	—	—	—	—	—
0x3A (0x5A)	保留	—	—	—	—	—	—	—	—
0x39 (0x59)	保留	—	—	—	—	—	—	—	—
0x38 (0x58)	保留	—	—	—	—	—	—	—	—

地 址	名 称	Bit 7	Bit 6	Bit 5	Bit 4	Bit 3	Bit 2	Bit 1	Bit 0
0x37 (0x57)	SPMCSR	SPMIE	(RW WSB)5.	—	(RW WSRE)5.	BLBSET	PGWRT	PGERS	SELFP RGEN
0x36 (0x56)	保留	—	—	—	—	—	—	—	—
0x35 (0x55)	MCUCR	—	—	—	PUD	—	—	IVSEL	IVCE
0x34 (0x54)	MCUSR	—	—	—	—	WDRF	BORF	EXTRF	PORF
0x33 (0x53)	SMCR	—	—	—	—	SM2	SM1	SM0	SE
0x32 (0x52)	保留	—	—	—	—	—	—	—	—
0x31 (0x51)	MONDR	—	—	—	—	—	—	—	—
0x30 (0x50)	ACSR	ACD	ACBG	ACO	ACI	ACIE	ACIC	ACIS1	ACIS0
0x2F (0x4F)	保留	—	—	—	—	—	—	—	—
0x2E (0x4E)	SPDR	SPI 数据寄存器							
0x2D (0x4D)	SPSR	SPIF	WCOL	—	—				SPI2X
0x2C (0x4C)	SPCR	SPIE	SPE	DORD	MSTR	CPOL	CPHA	SPR1	SPR0
0x2B (0x4B)	GPIOR2	通用 I/O 寄存器 2							
0x2A (0x4A)	GPIOR1	通用 I/O 寄存器 1							
0x29 (0x49)	保留	—	—	—	—	—	—	—	—
0x28 (0x48)	OCR0B	定时器/计数器 0 输出比较寄存器 B							
0x27 (0x47)	OCR0A	定时器/计数器 0 输出比较寄存器 A							
0x26 (0x46)	TCNT0	定时器/计数器 0(8 位)							
0x25 (0x45)	TCCR0B	FOC0A	FOC0B	—	—	GM02	CS02	CS01	CS00

续表

地 址	名 称	Bit 7	Bit 6	Bit 5	Bit 4	Bit 3	Bit 2	Bit 1	Bit 0
0x24 (0x44)	TCCR0A	COM0A1	COM0A0	COM0B1	COM0B0	—	—	WGM01	WGM00
0x23 (0x43)	GTCCR	TSM	—	—	—	—	—	PSRASY	PSRSYNC
0x22 (0x42)	EEARH	(E^{2}PROM 地址寄存器高字节)5.							
0x21 (0x41)	EEARL	E^{2}PROM 地址寄存器低字节							
0x20 (0x40)	EEDR	E^{2}PROM 数据寄存器							
0x1F (0x3F)	EECR	—	—	EEPM1	EEPM0	EERIE	EEMPE	EEPE	EERE
0x1E (0x3E)	GPIOR0	通用 I/O 寄存器 0							
0x1D (0x3D)	EIMSK	—	—	—	—	—	—	INT1	INT0
0x1C (0x3C)	EIFR	—	—	—	—	—	—	INTF1	INTF0
0x1B (0x3B)	PCIFR	—	—	—	—	—	PCIF2	PCIF1	PCIF0
0x1A (0x3A)	保留	—	—	—	—	—	—	—	—
0x19 (0x39)	保留	—	—	—	—	—	—	—	—
0x18 (0x38)	保留	—	—	—	—	—	—	—	—
0x17 (0x37)	TIFR2	—	—	—	—	—	OCF2B	OCF2A	TOV2
0x16 (0x36)	TIFR1	—	—	ICF1	—	—	OCF1B	OCF1A	TOV1
0x15 (0x35)	TIFR0	—	—	—	—	—	OCF0B	OCF0A	TOV0
0x14 (0x34)	保留	—	—	—	—	—	—	—	—
0x13 (0x33)	保留	—	—	—	—	—	—	—	—
0x12 (0x32)	保留	—	—	—	—	—	—	—	—

续表

地　址	名　称	Bit 7	Bit 6	Bit 5	Bit 4	Bit 3	Bit 2	Bit 1	Bit 0
0x11 (0x31)	保留	—	—	—	—	—	—	—	—
0x10 (0x30)	保留	—	—	—	—	—	—	—	—
0x0F (0x2F)	保留	—	—	—	—	—	—	—	—
0x0E (0x2E)	保留	—	—	—	—	—	—	—	—
0x0D (0x2D)	保留	—	—	—	—	—	—	—	—
0x0C (0x2C)	保留	—	—	—	—	—	—	—	—
0x0B (0x2B)	PORTD	PORTD7	PORTD6	PORTD5	PORTD4	PORTD3	PORTD2	PORTD1	PORTD0
0x0A (0x2A)	DDRD	DDD7	DDD6	DDD5	DDD4	DDD3	DDD2	DDD1	DDD0
0x09 (0x29)	PIND	PIND7	PIND6	PIND5	PIND4	PIND3	PIND2	PIND1	PIND0
0x08 (0x28)	PORTC	—	PORTC6	PORTC5	PORTC4	PORTC3	PORTC2	PORTC1	PORTC0
0x07 (0x27)	DDRC	—	DDC6	DDC5	DDC4	DDC3	DDC2	DDC1	DDC0
0x06 (0x26)	PINC	—	PINC6	PINC5	PINC4	PINC3	PINC2	PINC1	PINC0
0x05 (0x25)	PORTB	PORTB7	PORTB6	PORTB5	PORTB4	PORTB3	PORTB2	PORTB1	PORTB0
0x04 (0x24)	DDRB	DDB7	DDB6	DDB5	DDB4	DDB3	DDB2	DDB1	DDB0
0x03 (0x23)	PINB	PINB7	PINB6	PINB5	PINB4	PINB3	PINB2	PINB1	PINB0
0x02 (0x22)	保留	—	—	—	—	—	—	—	—
0x01 (0x21)	保留	—	—	—	—	—	—	—	—
0x00 (0x20)	保留	—	—	—	—	—	—	—	—

第10章

直接操作寄存器实现高速 I/O

要想设计一个信号发生器,可使用 DigitalWrite() 在 D3 口输出方波,能达到的最高方波频率是多少呢? 可用下面的代码测试一下:

```
1   /*****************************************************
2    * 程序 10-1: 使用 DigitalWrite() 在 D3 口输出方波
3    *****************************************************/
4   void setup()
5   {
6     pinMode(3,OUTPUT);
7   }
8   void loop()
9   {
10    digitalWrite(3,LOW);
11    digitalWrite(3,HIGH);
12  }
```

使用示波器测试 Arduino UNO 板上 D3 口的波形,当晶振是 16MHz@5V 时,上述代码产生的频率只有 115kHz。

理论上,Arduino UNO 板(16MHz 晶振@5V 时)的 I/O 口可以产生 8MHz 的方波。如何提高输出频率呢? 可以采取直接操控 AVR 单片机内部寄存器的方式进行。这首先要了解 I/O 口结构和相关的内部寄存器。

10.1 ATmega328 的 I/O 口控制寄存器

ATmega328 配备有 3 个 8 位数字 I/O 端口 PORTB、PORTC 和 PORTD,如图 10-1 所示。其中,PORTB 有 8 个引脚,包括 PORTB7、PORTB6、PORTB5、PORTB4、PORTB3、PORTB2、PORTB1、PORTB0,简化写为 PB[0,7],PORTC 有 7 个引脚,写为 PC[0,6],PORTD 有 8 个引脚,简写为 PD[0,7]。

在 ATmega328 中,每组 I/O 口配备 3 个 8 位寄存器,用来控制每个 I/O 口的工作方式和表现特征,见图 10-2。

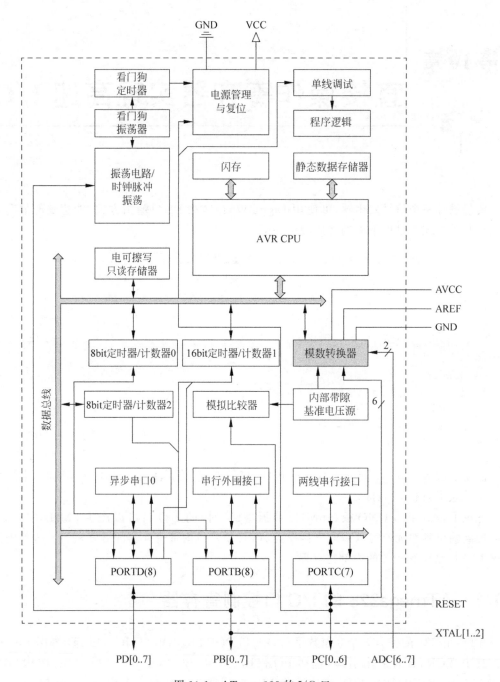

图 10-1 ATmega328 的 I/O 口

（1）数据方向寄存器。数据方向寄存器 DDRx 用来控制 I/O 口是输出方式还是输入方式,图 10-2 中标出了 DDRB 中的每个控制位名称。

14.4.2 PORTB-The Port B Data Register

Bit	7	6	5	4	3	2	1	0	
0x05(0x25)	PORTB7	PORTB6	PORTB5	PORTB4	PORTB3	PORTB2	PORTB1	PORTB0	PORTB
Read/Write	R/W	R/W	R/W	R/W	R/W	R/W	R/W	R/W	
Initial Value	0	0	0	0	0	0	0	0	

14.4.3 DDRB-The Port B Data Direction Register

Bit	7	6	5	4	3	2	1	0	
0x04(0x24)	DDB7	DDB6	DDB5	DDB4	DDB3	DDB2	DDB1	DDB0	DDRB
Read/Write	R/W	R/W	R/W	R/W	R/W	R/W	R/W	R/W	
Initial Value	0	0	0	0	0	0	0	0	

14.4.4 PINB-The Port B Input Pins Address[1]

Bit	7	6	5	4	3	2	1	0	
0x03(0x23)	FINB7	FINB6	FINB5	FINB4	FINB3	FINB2	FINB1	FINB0	PINB
Read/Write	R/W	R/W	R/W	R/W	R/W	R/W	R/W	R/W	
Initial Value	N/A	N/A	N/A	N/A	N/A	N/A	N/A	N/A	

图 10-2　I/O 口控制寄存器

表 10-1 描述了将端口配置为输入或输出模式的设置。当将端口设置为输入方式时,引脚可以被用于高阻抗(Hi-Z)模式或者信号输入引脚。

表 10-1　数据方向寄存器的设置

DDRxn	PORTxn	I/O 端口	注　　释	内置上拉电阻
0	0	输入	高阻态模式(Hi-Z)	No
0	1	输入	如果外接低电平,则输出电流	Yes
1	0	输出	输出低电平	No
1	1	输出	输出高电平	No

注：DDRxn 中的 x 可以为 D、C,n 可以为 1、2、3、4、5、6、7。

(2) 数据寄存器。数据寄存器 PORTx 用于对端口写入要输出的状态。当 PORTx=1时,I/O 引脚呈现高电平；当 PORTx=0 时,I/O 引脚呈现低电平。

(3) 输入引脚寄存器。输入引脚寄存器 PINx 用于从端口读取输入数据。当 DDRx=0时,I/O 处于输入工作方式,PINx 中的数据就是外部引脚的实际电平,可以通过读 I/O 指令读入。此外,当 I/O 口定义为输入时(DDRx=0),通过 PORTx 的控制,可使用或不使用内部的上拉电阻。

10.2　直接操控 I/O 口寄存器

10.2.1　输出 8MHz 速度波形

本示例为在 PORTB 的所有引脚上都产生方波。编程步骤为:

(1) 对 I/O 端口进行初始化,配置其输入、输出的工作状态以及初始值。通常一个端口上的 8 个引脚是同时进行配置的。

微课视频 10
直接操作寄存
器输出 8MHz
速度波形

（2）设置 PORTB 为输出。

（3）使用 C 语言操作 DDRB、PORTB 寄存器，直接控制 I/O 输出：

```
PORTB = 0x00;                    //PORTB 输出为 0,低电平;
PORTB = 0xFF;                    //PORTB 输出为 1,高电平。
```

```
1    /*******************************************************
2    * 程序 10-2: 操作 DDRB、PORTB 寄存器直接控制 I/O 输出
3    ********************************************************/
4    void setup()
5    {
6      DDRB = 0xFF;                //设置 PB 口全部为输出
7    }
8    void loop()
9    {
10     PORTB = 0xFF;
11     PORTB = 0x00;
12     PORTB = 0xFF;
13     PORTB = 0x00;
14     PORTB = 0xFF;
15     PORTB = 0x00;
16     PORTB = 0xFF;
17     PORTB = 0x00;
18     PORTB = 0xFF;
19     PORTB = 0x00;
20   }
```

用示波器观察 PB1,也就是 UNO 板上的 D9,会看到 5 个输出方波的最高频率是 8MHz。由于 loop()运行时间的影响,输出 5 个方波后,会间隔一段较长的时间,之后再输出 5 个方波。

10.2.2 位操作技能训练

（1）将 PORTB 口的第 6 位置为 1,可以有以下写法：

```
PORTB |= (1 << 6);
```

或

```
PORTB |= (1 << PORTB6);
```

因为在 iom328. h 中有

```
# define PORTB _SFR_IO8(0x05)
# define PORTB0 0
# define PORTB1 1
# define PORTB2 2
```

```
# define PORTB3 3
# define PORTB4 4
# define PORTB5 5
# define PORTB6 6
# define PORTB7 7
```

因此 PORTB6 和 6 是等效的。

如果在 iom328.h 中没有定义,Arduino IDE 就会报错。有时 iom328.h 中的寄存器名或寄存器中的位的名称与 ATmega328 Datasheet 中的名字稍有不同,这时要以 iom328.h 中为准。

(2) 如果想让 PORTA 中的第 7 位,也就是 PA7 为 0,而其他位保持不变,可以如下操作:

```
PORTA & = ~(1 << PA7);
```

(3) 如果想只让 PA7 取反,而其他位不变,则使用

```
PORTA^ = (1 << PA7);
```

(4) 也可以与其他语句联合起来写,更加简洁。例如,想检测 PA7 是否为 1,如果为真就执行下面{ }中的操作:

```
if(PINA&(1 << PA7)) { };
```

(5) 若想检测 PA7 是否为 0,则执行

```
if!(PINA&(1 << PA7)) { };
```

(6) 将 PORTB 第 3 位置 1,以下语句是等效的:

```
DDRB| = BIT(3);
DDRB| = 1 << 3;
DDRB| = 0x08;
DDRB| = 0b00001000;
```

使用下面的代码做一下练习。

```
1    /*******************************************************
2    * 程序 10-3: 位操作技能训练
3    *******************************************************/
4    void setup()
5    {
6      pinMode(13,OUTPUT);
7      pinMode(5,OUTPUT);              //PD5
8      pinMode(6,OUTPUT);              //PD6
9      pinMode(7,OUTPUT);              //PD7
```

```
10    DDRD = 0xe0;                        //PORTD7、PORTD6、PORTD5 输出
11  }
12  void loop()
13  {
14    PORTB ^ = (1 << PORTB5);            //pin13 位取反,LED 亮灭反复
15    PORTD = 0xe0;
16    delay(300);
17    PORTD = 0x00;
18    PORTB ^ = (1 << PORTB5);            //PORTB5 = pin13 位取反
19    delay(300);
20  }
```

10.2.3 直接操作寄存器的 4×4 薄膜键盘接口

1. 薄膜键盘与 Arduino 板电路连接

4×4 字母数字薄膜键盘很常见,例如,在金融交易中用于个人识别号码、密码输入。图 10-3 为薄膜按键外观和引脚,图 10-4 为其原理图。

图 10-3 薄膜键盘外观和引脚

将一个 4×4 薄膜键盘接到 ATmega328 芯片的 PORTD 端口上,将键盘的引脚 8、引脚 7、引脚 6、引脚 5 对应接到 D3、D2、D1、D0,将键盘的引脚 4、引脚 3、引脚 2、引脚 1 对应接到 D7、D6、D5、D4。因此,将 PORTD[7:4]配置成输入模式,将 PORTD[3:0]的引脚配置成输出模式,用于独立驱动每一行的按键。

2. 程序原理

单片机将每一行按键 PORTD[3:0]依次置低后,通过读取 PORTD[7:4] 的引脚状态来判定这一行是否有按键被按下。

如果该行没有任何按键被按下,那么从 PORTD[7:4]引脚上会读到一个 F(十六进制值),表示所有引脚为高电平输入状态。如果该行有按钮被按下,PORTD 口读数就不是 F 了,该开关列所对应的引脚状态也会置低电平。由此根据控制每一行的端口 PORT[3:0] 并且读取每一列的端口 PORTD[7:4]状态后,通过对读取到的信号进行解码,就可以找到被按下的所有按键。将读数值导入 switch 语句进行比对,就能够确定被按下的按键所对应的 ASCII 值是什么,也能确定被按下按键的位置。

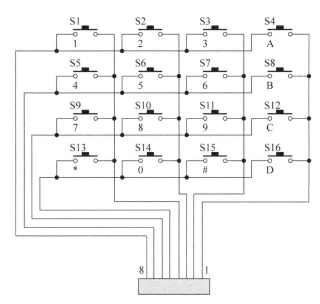

图 10-4 薄膜键盘原理图

对键盘每一行进行循环快速扫描,就能读取所有按键的状态。

```
1    /*********************************************************
2    * 程序 10 - 4：读取所有按键的状态
3    *********************************************************/
4    char key[4][4] = { {'1','2','3','A'},{'4','5','6','B'},\
5    {'7','8','9','C'},{' * ','0','#','D'}};
6    int symbol = 0;
7    void setup()
8    {
9      Serial.begin(9600);
10     for(int i = 4; i < = 7; i++)
11     {
12       pinMode(i,INPUT_PULLUP);
13     }
14     for(int i = 0; i < = 3; i++)
15     {
16       pinMode(i,OUTPUT);
17     }
18   }
19   void loop()
20   {
21     for(int j = 0; j < = 3; j++)
22     {
23       for(int i = 0; i < = 3; i++)
24       {
```

```
25        digitalWrite(i,HIGH);
26      }
27    digitalWrite(j,LOW);
28    symbol = 0;
29    for(int i = 0; i < 5000; i++)
30    {
31      for(int k = 4; k <= 7; k++)
32      {
33        if(digitalRead(k) == 0)
34        {
35          for(int t = 0; t < 100; t++){}
36          if(digitalRead(k) == 0)
37            symbol = k;
38        }
39      }
40      if(symbol != 0)
41      {
42        Serial.print(symbol - 2);
43        Serial.print(' ');
44        Serial.println(j - 6);
45        break;
46      }
47    }
48  }
49 }
```

3. 关于开关去抖动

一般的机械开关都无法非常完美地从一个状态(开)过渡到另外一个状态(关),触点可能在导通和断开两种状态之间来回跳动多次,这个跳动过程可能会在几十毫秒的时间段内发生,而单片机的运行速度相对这个过程要更快一些,因此单片机会将这个过程错误地识别成开关来回跳动了多次。

有两种方法可以实现开关去抖动:

(1) 使用额外的硬件电路,一般采用 RC 积分电路或施密特触发器。

与普通的门电路不同,施密特触发器是一种特殊的门电路,施密特触发器有两个阈值电压,分别称为正向阈值电压和负向阈值电压,这种电路被设计成阻止输入电压出现微小变化(低于某一阈值)而引起的输出电压的改变。

(2) 通过软件技术同样能够对开关信号去抖动。

在端口状态发生变化时,可以在相应的服务程序中插入一个 3～50ms 的延迟,这个延迟能够防止单片机在这段时间内接收到开关颤动造成的多个跳变输入信号。

10.2.4 AVR 单片机 I/O 口寄存器操作注意事项

(1) 数据寄存器 PORTx 和数据方向寄存器 DDRx 的访问方式为可读可写,而引脚寄存器 PINx 的访问方式为只读。

（2）对 PINx 寄存器某一位写入逻辑 1,将造成数据寄存器相应位的数据发生 0 与 1 的交替变化。

（3）不论如何配置 DDxn,都可以通过读取 PINx 寄存器来获得引脚电平。

（4）高阻态多用于高阻模拟信号输入,例如数模转换器输入。

（5）弱上拉状态(Rup＝20～50kΩ)输入时为低电平信号输入作了优化,省去外部上拉电阻,例如,按键输入、低电平中断触发信号输入。

（6）实验时尽量不要把引脚直接接到 GND/VCC。如果设定不当,I/O 口将会输出/灌入 80mA(VCC＝5V)的大电流,导致器件损坏。

（7）作输入时,悬空(高阻态)将会很容易受到干扰,通常要使能内部上拉电阻。

（8）如果先前 I/O 口为输出状态,设置为输入状态后,必须等待 1 个时钟周期后才能正确地读到外部引脚 PINx 的值。

（9）对于高阻模拟信号输入,例如数模转换器输入,切记不要使能内部上拉电阻,否则会影响精确度。

第 11 章

Arduino 高速 A/D 采样

Arduino 中的 analogRead() 函数预设的采样率理论值是 9.6kSPS,当进行高保真度(上限频率 15kHz)音乐数字化时,需要至少 30kSPS 的采样率(一般为 44kSPS),这时使用通用 Arduino 就显得力不从心。那么,如何提高 A/D 转换速度呢?

在 Datasheet 中可以看出,ATmega328@16MHz 时,最高采样速率为 76.9kSPS/s,这时如何使采样率达到芯片极限值呢? 这需要详细了解 ATmega328 中 A/D 转换器中相关寄存器的配置,直接操控 A/D 转换部分的分频比即可实现目标。

11.1 ATmega328 A/D 的内部结构

11.1.1 ADC 系统结构

图 11-1 为 ATmega328 芯片的 ADC 系统框架图。图左边缘所示为微控制器 ADC 增益通道的外部引脚。ADC[5:0] 为 6 路模拟输入通道,AREF 和 AVCC 是 ADC 参考电压引脚。

(1) ADC 系统采样时钟频率可以低于单片机的时钟源,通过 ADC 的 ADCSRA 寄存器中的预分频器选择 ADPS[2:0] 来分频主控制器的时钟频率,用于进行 A/D 转换。低速的 ADC 时钟频率相较于高速的 ADC,其结果的精度较高。每一次转换需要 13 个模拟转数字时钟循环来完成。

(2) ADC 在给定时间只能对一个 ADC 通道进行转换。ADC 的输入配备一个 6 路模拟开关。通过 ADC 通道开关选择寄存器 INPUT MUX(见图 11-1)中的 MUX[3:0] 寄存器的控制位,对模拟输入通道进行选择。

(3) 转换过程得出的 10 位运算结果存储在 ADC 数据寄存器(ADCH 和 ADCL)中。这两个寄存器提供了 16b 的空间来存储 10 位运算结果。

(4) 对 ADC 进行控制,最主要的是设置图 11-1 中上部的两个寄存器 ADMUX 和 ADCSRA。

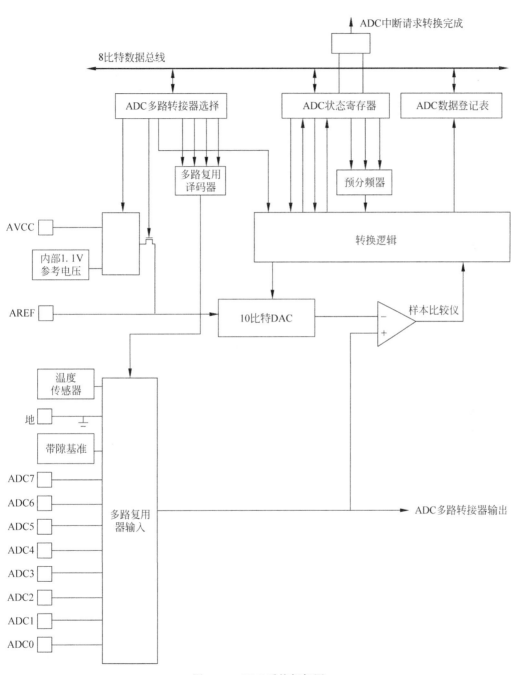

图 11-1　ADC 系统框架图

11.1.2 ADC中的寄存器

(1) ADMUX：多路复用选择寄存器，见图 11-2。

比特	7	6	5	4	3	2	1	0
(0x7C)	REFS1	REFS0	ADLAR	–	MUX3	MUX2	MUX1	MUX0
读/写	读/写	读/写	读/写	读	读/写	读/写	读/写	读/写
初始值	0	0	0	0	0	0	0	0

图 11-2　多路复用选择寄存器

bit6、bit7：ADC 参考电压选择，见图 11-3。

REFS 1	REFS 2	选择参考电压
0	0	AREF，关闭内部参考电压
0	1	AVCC在AREF引脚上带有外部电容
1	0	保留
1	1	在AREF引脚上的内部1.1V参考电压与外部电压

图 11-3　参考电压的选择

如图 11-4 所示为多路复用选择寄存器的使用。

多路复用选择寄存器	单端输入
0000	ADC0
0001	ADC1
0010	ADC2
0011	ADC3
0100	ADC4
0101	ADC5
0110	ADC6
0111	ADC7
1000	ADC8
1001	（保留）
1010	（保留）
1011	（保留）
1100	（保留）
1101	（保留）
1110	1.1V(V_{BG})
1111	0V(GND)

图 11-4　多路复用选择寄存器的使用

00：AREF,内部基准源关闭；

01：AVCC,AREF 外接滤波电容；

10：保留；

11：1.1V 内部基准电压源,AREF 外接滤波电容；

bit5：转换结果对齐位。置位左对齐,清零右对齐；

bit4：一个保留位；

bit3～bit0：模拟通道选择位。

如果在转换过程中改变了设置,则只有等待当前转换结束后才起作用。如果在 AREF 引脚上施加了外部参考电压,则内部参考电压将不能被选择。

(2) ADCSRA：ADC 控制和状态寄存器 A,见图 11-5。

7	6	5	4	3	2	1	0
ADEN	ADSC	ADATE	ADIF	ADIE	ADPS2	ADPS1	ADPS0
R/W	R/W	R/W	R/W	R/W	R/W	R/W	R/W
0	0	0	0	0	0	0	0

图 11-5　ADCSRA 寄存器

bit7：ADC 使能位。置位则启动 ADC 功能,清位 ADC 功能关闭。

bit6：ADC 开始转换。在单次转换模式下,该位置位,将启动一次 ADC 转换,在连续转换模式下,该位置位,将启动首次转换。

bit5：ADC 自动触发使能位。该位置位,则启动 ADC 自动触发功能。

bit4：ADC 中断标志位。ADC 转换结束且数据寄存器被更新后,该位置位,如果 ADIE 及 SREG 寄存器中的全局中断使能位 I 被置位,则 ADC 转换结束中断服务程序被执行,同时该位被硬件清零,也可以通过软件写 1 清零。

bit3：ADC 中断使能位。如果该位及 SREG 寄存器中的全局中断使能位 I 被置位,则 ADC 转换结束中断将被使能。

bit2～bit0：ADC 预分频器的选择。这 3 位决定 ADC 输入时钟与 CPU 时钟之间的分频系数,如图 11-6 所示。

ADPS2(bit2)	ADPS1(bit1)	ADPS0(bit0)	分频系数
0	0	0	2
0	0	1	2
0	1	0	4
0	1	1	8
1	0	0	16
1	0	1	32
1	1	0	64
1	1	1	128

图 11-6　ADC 预分频器的选择

（3）ADCL、ADCH：ADC 数据寄存器，见图 11-7。

ADLAR=0

Bit	15	14	13	12	11	10	9	8	
(0x79)	–	–	–	–	–	–	ADC9	ADC8	ADCH
(0x78)	ADC7	ADC6	ADC5	ADC4	ADC3	ADC2	ADC1	ADC0	ADCL
	7	6	5	4	3	2	1	0	
读/写(R/W)	R	R	R	R	R	R	R	R	
	R	R	R	R	R	R	R	R	
初始值	0	0	0	0	0	0	0	0	
	0	0	0	0	0	0	0	0	

ADLAR=1

Bit	15	14	13	12	11	10	9	8	
(0x79)	ADC9	ADC8	ADC7	ADC6	ADC5	ADC4	ADC3	ADC2	ADCH
(0x78)	ADC1	ADC0	–	–	–	–	–	–	ADCL
	7	6	5	4	3	2	1	0	
读/写(R/W)	R	R	R	R	R	R	R	R	
	R	R	R	R	R	R	R	R	
初始值	0	0	0	0	0	0	0	0	
	0	0	0	0	0	0	0	0	

图 11-7　ADCH 与 ADCL 寄存器

ADC 转换结束后，转换结果将保存在这两个寄存器中。首先 ADMUX 寄存器中的 ADLAR 和 MUXn 影响转换结果在寄存器中的存放形式。

当 ADCL 被读取时，ADC 数据寄存器在读取 ADCH 之前不会更新，如果转换结果为左对齐且只需要 8 位精度，那么仅需要读取 ADCH 就可以了，否则需先读取 ADCL 然后读取 ADCH。

（4）ADCSRB：ADC 控制和状态寄存器 B，见图 11-8。

Bit	7	6	5	4	3	2	1	0
(0x7B)	–	ACME	–	–	–	ADTS2	ADTS1	ADTS0
读/写(R/W)	R	R/W	R	R	R	R/W	R/W	R/W
初始值	0	0	0	0	0	0	0	0

图 11-8　ADCSRB 寄存器

bit2～bit0：ADC 自动触发源的选择，见图 11-9。

000：连续转换模式；

001：模拟比较器；

010：外部中断请求 0；

011：定时器/计数器 0 比较匹配 A；

100：定时器/计数器 0 溢出；

101：定时器/计数器 0 比较匹配 B；

110：定时器 DIDR0 数器 1 溢出；

bit2	bit1	bit0	触发源
0	0	0	连续转换模式
0	0	1	模拟比较器
0	1	0	外部中断请求0
0	1	1	定时器/计数器0比较匹配A
1	0	0	定时器/计数器0溢出
1	0	1	定时器/计数器0比较匹配B
1	1	0	定时器/计数器1溢出
1	1	1	定时器/计数器1捕捉事件

图 11-9　ADC 自动触发源的选择

111：定时器/计数器 1 捕捉事件。

（5）DIDR0：数字输入禁用寄存器 0，见图 11-10。

Bit	7	6	5	4	3	2	1	0
(0x7E)	–	–	ADC5D	ADC4D	ADC3D	ADC2D	ADC1D	ADC0D
读/写(R/W)	R	R	R/W	R/W	R/W	R/W	R/W	R/W
初始值	0	0	0	0	0	0	0	0

图 11-10　DIDR0 寄存器

bit5～bit0：当这些位置位时，相应的 ADC 引脚的数字输入缓存区被禁止，相应的 PIN 寄存器读取时都为 0，模拟信号运用于 ADC5～ADC0，是不需要这么做的，ADC6 和 ADC7 是没有缓存区的。

ADC 是通道开关选择寄存器（ADMUX），之前提到的 ADMUX（ADC MultiplexerSelection，ADC 通道开关选择）寄存器包含用于选择左右对齐的功能。

11.1.3　ADC 的寄存器操作的步骤

（1）ADMUX 寄存器的配置：ADC 输入端口初始化基准电压的设置，数据对齐方式的设置，通道的选择。

（2）ADCSRA 寄存器的设置；A/D 使能，启动转换。

（3）ADCSRB 寄存器的设置：选择触发源和中断号。

（4）编写中断服务程序，读取 ADC 的数据（ADCL、ADCH）。在普通的 AVR 单片机开发过程中，A/D 转换程序的寄存器设置都是比较复杂的，稍不小心就会出现错误，导致无法进行 A/D 转换。

在 Arduino 中，只需要一个 analogRead（模拟通道号）函数就可以完成上述繁杂的操作。

在下面的高级开发中，由于目标是为了提高采样速率，因此只要对 ADC 控制和状态寄存器（ADCSRA）中的分频比进行直接操控就能满足要求了。

微课视频 11
具有 58kHz
采样频率的
高保真音频
采样

11.2 具有 58kHz 的高保真音频数字化

高保真音频中最高频率达到 15kHz,如果对它进行采样,根据采样定理,采样频率最少应该达到 2×15kHz=30kHz。Arduino UNO 的 A/D 采样频率最高 10kHz。如果不使用外接 ADC,能使它达到 30kHz 吗? 如何达到?

11.2.1 提高 Arduino 的采样频率

Arduino 的 analogRead() 预设的采样频率(sampling rate)是 9600Hz,这是因为在 Arduino 中将 ADC 中的预分频值(Prescaler)被设定为 128,而 Arduino UNO 板的时钟(Clock)是 16MHz,则 ADC clock=16MHz/128=125kHz。一次 A/D 转换需要 13 个 ADC 时钟周期,于是 ADC 采样频率=125kSPS/11=9600SPS。

(1) 提高采样频率的思路。ATmega328 的预分频值是可以改变的。把 ADC 的预分频值改为 16,则理论采样频率可达到 16MHz/16/13=76.8kHz,不过这只是理论值,因为 loop()等本身执行也要花时间,所以实测值要少一些。若 ADC 的预分频值改为 8,则理论采样频率可达 153kHz;但若将该值设得太小,则 ADC 转换就不太准确了。

(2) 在 ADCSRA 寄存器中设置预分频值,见图 11-11。

7	6	5	4	3	2	1	0
ADEN	ADSC	ADATE	ADIF	ADIE	ADPS2	ADPS1	ADPS0
R/W	R/W	R/W	R/W	R/W	R/W	R/W	R/W
0	0	0	0	0	0	0	0

图 11-11 预分频值的设置

ADC 预分频选择位(ADPS[2:0])用于设定 ADC 子系统的时钟频率。ADC 子系统的时钟频率由主控器的系统时钟分频获得。ADPS[2:0]位的设定与其对应关系如下:

ADPS[2:0]=000 表示预分频系数为 2;

ADPS[2:0]=001 表示预分频系数为 2;

ADPS[2:0]=010 表示预分频系数为 4;

ADPS[2:0]=011 表示预分频系数为 8;

ADPS[2:0]=100 表示预分频系数为 16;

ADPS[2:0]=101 表示预分频系数为 32;

ADPS[2:0]=110 表示预分频系数为 64;

ADPS[2:0]=111 表示预分频系数为 128。

(3) 软件实现。以下是测试预分频值设置为 16,采样频率大约为 58kHz。

```
1    /***************************************************
2    * 程序 11-1: 以 58kHz 频率进行采样
```

```
3     ****************************************************** /
4     const int pin = A0;
5     const int n = 1000;                    // sample 采样 1000 次
6     void setup()
7     {
8       Serial.begin(9600);
9       setP16();                            // Prescaler = 16
10      for( int i = 0; i < 543; i++)
11        analogRead(A0);
12      Serial.println(String("Sample ") + n + \
13                    " times' pin = " + pin);
14      Serial.flush();
15      delay(568);
16    }
17    void loop()
18    {
19      long begt, runt, total;
20      total = 0;
21      begt = micros();
22      for( int i = 0; i < n; i++)
23      {
24        total += analogRead(pin);
25      }
26      runt = micros() - begt;              // elapsed time
27      Serial.println(String("Average = ") + total/n);
28      Serial.print(String("Time per sample: ") + \
29                    runt/1.0/n + "us");
30      Serial.println(String("' Frequency: ") + \
31                    1000000.0/runt * n + " Hz");
32      delay(5566);
33    }
34    void setP16()
35    {
36      Serial.println("ADC Prescaler = 16");
37      ADCSRA |= (1 << ADPS2);
38      ADCSRA &= ~(1 << ADPS1);
39      ADCSRA &= ~(1 << ADPS0);
40    }
```

11.2.2　快速 A/D 转换

(1) 通过更改决定采样频率的寄存器值来增加 analogRead 采样速率。

```
1     /******************************************************
2      * 程序 11-2: 增加 analogRead 采样速率
```

```
3      ************************************************************** /
4      const int sensorPin = 0;                    //接收器连接的引脚
5      const int numberOfEntries = 100;
6      unsigned long microseconds;
7      unsigned long duration;
8      int results[numberOfEntries];
9      void setup()
10     {
11        //标准 analogRead 操作(prescale = 128)
12        Serial.begin(9600);
13        microseconds = micros();
14        for(int i = 0; i < numberOfEntries; i++)
15           results[i] = analogRead(sensorPin);
16        duration = micros() - microseconds;
17        Serial.print(numberOfEntries);
18        Serial.print("readings took");
19        Serial.println(duration);
20        //使用高速时钟运行(设置预分频值为16)
21        bitClear(ADCSRA,ADPS0);
22        bitClear(ADCSRA,ADPS1);
23        bitSet(ADCSRA,ADPS2);
24        microseconds = micros();
25        for(int i = 0; i < numberOfEntries; i++)
26           results[i] = analogRead(sensorPin);
27        duration = micros() - microseconds;
28        Serial.print(numberOfEntries);
29        Serial.print(" readings took");
30        Serial.println(duration);
31     }
32     void loop()
33     {
34     }
```

在晶振16MHz 的 Arduino UNO 板上运行程序时,串口监视器将输出以下内容:

```
100 readings took 11308
100readings took 1704
```

(2) 说明。

该 ADCSRA 寄存器用于配置 ADC,程序中的位设置(ADPS0、ADPS1 和 ADPS2)把 ADC 时钟的预分频值设到16。

程序测量以微秒为单位的标准 analogRead 的时间,然后调整模数转换器所使用的时基以更快地执行转换。对于16MHz 晶振的板子,时基速率从125kHz 提高到1MHz。实际应用时,性能改善不到8倍,因为在 Arduino 的 analogRead 里有一些开销,无法通过时基的变化来改善。总的来说,时间从113ms 减少到17ms 是一个显著的改善。

第 12 章 改变 Arduino 的 PWM 的频率

Arduino 中固定的 PWM 信号的频率大约是 490Hz，在使用 analogWrite() 来控制电机进行变频调速时，就需要增加或减少 analogWrite() 产生的脉冲宽度调制（PWM）频率。如何能既调节 PWM 的频率和周期，又不占用额外的 CPU 时间呢？本章提供了解决方案。

12.1 AVR 的定时器/计数器硬件

12.1.1 定时器/计数器

1. ATmega328 中的定时器/计数器

最经典的 UNO 板的控制芯片是 ATmega328。ATmega328 有 3 个定时计数器，除了定时中断，它们还可以控制引脚 PWM 输出，通过查询芯片手册和引脚分布，可以知道这 3 个定时器分别控制的引脚。

T/C0：Pin6(OC0A) 和 Pin5(OC0B)；

T/C1：Pin9(OC1A) 和 Pin10(OC1B)；

T/C2：Pin11(OC2A) 和 Pin3(OC2B)。

每个时钟都有两个比较寄存器，可以同时支持两路输出。其中，比较寄存器用于控制 PWM 的占空比。大多数情况下，每个时钟的两路输出都会有相同的频率，但是可以有不同的占空比，这取决于两个比较寄存器的设置。

定时器有 3 种工作模式：普通模式（Normal Mode）、CTC 模式（Clear Timer on Compare Match Mode）、PWM 模式，其中 PWM 模式还分为快速 PWM、相位矫正（波形居中）PWM、相位与频率矫正 PWM（频率可以任取，仅限定时器1）。

Arduino 与 ATmega328 对应引脚如表 12-1 所示。ATmega328 的 I/O 口如图 12-1 所示。

表 12-1　Arduino 与 ATmega328 对应引脚

Arduino	ATmega328	Arduino	ATmega328
D0/RX	PD0/RXD	D10/PWM	PB2/OC1B
D1/TX	PD1/TXD	D11/PWM	PB3/OC2A
D2	PD2/INT0	D12	PB4
D3/PWM	PD3/INT1/OC2B	D13/LED	PB5
D4	PD4	A0/D14	PC0/ADC0
D5/PWM	PD5/OC0B	A1/D15	PC1/ADC1
D6/PWM	PD6/OC0A	A2/D16	PC2/ADC2
D7	PD7	A3/D17	PC3/ADC3
D8	PB0	A4/D18	PC4/ADC4/SDA
D9/PWM	PB1/OC1A	A5/D19	PC5/ADC5/SCL

2. Arduino 使用的定时器/计数器

标准 Arduino UNO 板有 3 个硬件定时器,这些定时器用在多个 Arduino 功能中。

定时器 0:用于 millis()和 delay();还有引脚 5 和引脚 6 的函数 analogWrite()。

定时器 1:用于引脚 9 和引脚 10 的函数 analogWrite();用舵机库驱动舵机。舵机库使用与引脚 9 和引脚 10 的函数 analogWrite()相同的定时器,所以使用伺服库时不能在这些引脚上使用 analogWrite()。

定时器 2:用于引脚 3 和引脚 11 的函数 analogWrite()。

12.1.2　AVR 单片机常规操作寄存器启动定时器的方法

以最简单的普通模式、使用定时器 1 为例,看看 TCCR1A 与 TCCR1B 是如何配置 TCNT1 的工作模式的。

可以直接查看 ATmega328p 的 Datasheet 中定时器部分的说明,如图 12-2 所示。

这里主要用到的寄存器具体如下:

TCCRx(Timer/Counter Control Register)——用于设置预分频值和工作模式。

TCNTx(Timer/Counter Register)——存储定时器的值。

TIMSKx(Timer/Counter Interrupt Mask Register)——用于启动/关闭定时器中断。

(1) TCCR1A:控制寄存器 A,见图 12-3。

(2) TCCR1B:控制寄存器 B,见图 12-4。

将 TCCR1A 赋值为二进制数 B00000011,即使 WGM11 和 WGM10 项为 1,其他都是 0,同理,TCCR1B 赋值为 B00000111 时,即使 CS12、CS11、CS10 均为 1,其他都是 0。在普通模式下,对于这两个寄存器,波形产生模式的位描述见图 12-5。

这里的 WGM[13:10]是波形发生模式的设置位。如果要设置为普通模式,那么将 WGM[13:10]均设置为 0 即可,即 WGM13、WGM12、WGM11、WGM10 位均为 0。

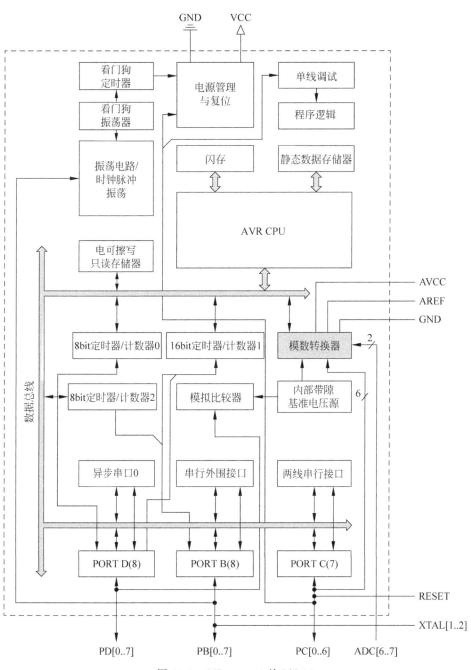

图 12-1　ATmega328 的 I/O 口

图 12-2　Datasheet 的定时器部分

位	7	6	5	4	3	2	1	0	
	COM1A1	COM1A0	COM1B1	COM1B0	–	–	WGM11	WGM10	TCCR1A
读/写(R/W)	R/W	R/W	R/W	R/W	R	R	R/W	R/W	
初始值	0	0	0	0	0	0	0	0	

图 12-3　TCCR1A 中的具体值

位	7	6	5	4	3	2	1	0	
	ICNC1	ICES1	–	WGM13	WGM12	CS12	CS11	CS10	TCCR1B
读/写(R/W)	R/W	R/W	R	R/W	R/W	R/W	R/W	R/W	
初始值	0	0	0	0	0	0	0	0	

图 12-4　TCCR1B 中的具体值

模式	WGM13	WGM12 (CTC1)	WGM11 (PWM11)	WGM10 (PWM10)	定时器/计数器工作模式	计数上限值TOP	OCR1x 更新时刻	TOV1标志 设置
0	0	0	0	0	普通模式	0xFFFF	立即更新	MAX
1	0	0	0	1	8位相位修正PWM	0x00FF	TOP	BOTTOM
2	0	0	1	0	9位相位修正PWM	0x01FF	TOP	BOTTOM
3	0	0	1	1	10位相位修正PWM	0x03FF	TOP	BOTTOM
4	0	1	0	0	CTC	OCR1A	立即更新	MAX
5	0	1	0	1	8位快速PWM	0x00FF	TOP	TOP
6	0	1	1	0	9位快速PWM	0x01FF	TOP	TOP
7	0	1	1	1	10位快速PWM	0x03FF	TOP	TOP
8	1	0	0	0	相位与频率修正PWM	ICR1	BOTTOM	BOTTOM
9	1	0	0	1	相位与频率修正PWM	OCR1A	BOTTOM	BOTTOM
10	1	0	1	0	相位修正PWM	ICR1	TOP	BOTTOM
11	1	0	1	1	相位修正PWM	OCR1A	TOP	BOTTOM
12	1	1	0	0	CTC	ICR1	立即更新	MAX
13	1	1	0	1	保留	—	—	—
14	1	1	1	0	快速PWM	ICR1	TOP	TOP
15	1	1	1	1	快速PWM	OCR1A	TOP	TOP

图 12-5　波形产生模式的位描述

我们还需要设置 3 个重要的位：

在 TCCR1B 寄存器中的位 CS[12:10](CS12、CS11、CS10)为时钟的选择位,Timer1 的时钟选择位描述见图 12-6。

CS12	CS11	CS10	说明
0	0	0	无时钟源(T/C停止)
0	0	1	clk$_{I/O}$/1(无预分频)
0	1	0	clk$_{I/O}$/8(来自预分频器)
0	1	1	clk$_{I/O}$/64(来自预分频器)
1	0	0	clk$_{I/O}$/256(来自预分频器)
1	0	1	clk$_{I/O}$/1024(来自预分频器)
1	1	0	外部T1引脚，下降沿驱动
1	1	1	外部T1引脚，上升沿驱动

图 12-6　时钟选择位描述

（3）TCNT1H 与 TCNT1L：数据寄存器，见图 12-7。

位	7	6	5	4	3	2	1	0	
				TCNT1[15:8]					TCNT1H
				TCNT1[7:0]					TCNT1L
读/写(R/W)	R/W	R/W	R/W	R/W	R/W	R/W	R/W	R/W	
初始值	0	0	0	0	0	0	0	0	

图 12-7　TCNT1H 与 TCNT1L 寄存器

TCNT1H 为高 8 位，TCNT1L 为低 8 位，TCNT1H 与 TCNT1L 组成了 T/C1 的 16 位数据寄存器 TCNT1。

现在看一下这个数据在普通模式下如何计算：

假如现在要实现一个定时 1s 的计数器，即 1s 产生一个中断，Timer1 是一个 16 位的计数器，能够存放的最大值为 0xFFFF，公式为：

$$TCNT1=0XFFFF-定时时间/(预分频数×(1/晶振频率))$$

再假设预分频数设置为 1024，如果 ATmega328P 的晶振频率为 16MHz，那么 TCNT1＝0XFFFF－1/(1024×(1/16 000 000))＝0xFFFF－0x3D09＝0XC2F6。

程序 TCNT1 的赋值有两种写法：

TCNT1＝0xC2F6 或 TCNT1H＝0xC2 TCNT1L＝0xF6 均是正确的。

（4）TIMSK1：中断屏蔽寄存器，见图 12-8。

位	7	6	5	4	3	2	1	0	
	–	–	ICIE1	–	–	OCIE1B	OCIE1A	TOIE1	TIMSK1
读/写(R/W)	R	R	R/W	R	R	R/W	R/W	R/W	
初始值	0	0	0	0	0	0	0	0	

图 12-8　TIMSK1 寄存器

最后只要对 bit0 置位即可，即开中断使能，这样，普通模式下的定时器就可以运行了。这对于初学 AVR 单片机的读者来说还是比较困难的，很容易在某个环节出错。

12.1.3　混合编程控制定时器

下面以 ATmega328P 的 Timer1 定时器的操作为例,说明如何控制输出匹配引脚 D9 口的输出电平。

Arduino 定时器有普通模式、CTC 模式、快速 PWM 模式、相位可调 PWM 模式。

若采用 CTC 模式,当寄存器 TCNT1 与 OCR1A/OCR1B 相等时(即匹配),OC1A/OC1B 按照 COM1x[1:0]的值相应地进行改变(置位、清零或取反)。同时 TCNT1 清零,TCNT1 从 0x00 重新开始计数,当计数结果和下一个 OCR1A/OCR1B 寄存器中值相等时又发生匹配。发生匹配时,匹配比较标志 OCF1x 置位,即 OCF1x=1,可申请匹配比较中断。

本实例使用 OC1A(Arduino pro mini 的 D9 引脚)引脚作为输出,且比较匹配时电平取反。

Arduino 定时器设置步骤:

(1) 设置定时器初值,确定定时时间;

(2) 设置定时器匹配模式;

(3) 设置预分频模式,与定时时间有关。

下面是相关代码。

```
1    /*********************************************************
2     * 程序 12-1: 定时器设置
3     ********************************************************* /
4    void setup()
5    {
6      DDRB = (1 << 1);                  //OC1A 设置为输出模式
7      OCR1A = 15624;                    //定时器初值周期 0.5Hz
8      //OC1A 输出电平交替变换,CTC 模式
9      TCCR1A = (0 << COM1A1) | (1 << COM1A0) | (0 << WGM11) | (0 << WGM10);
10     //1024 分频,CS[12:10]决定分频模式有 1、8、64、256、1024 几种
11     TCCR1B = (0 << WGM13) | (1 << WGM12) | (1 << CS12) \
12         | (0 << CS11) | (1 << CS10);
13   }
14   void loop()
15   {
16     if((TIFR1 & 0x01) == 1)          //输出比较器 A 匹配后 OCF1A 位置 1
17       OCR1A = 15624;                 //定时器初值
18   }
```

12.2　更改 PWM 频率

12.2.1　Arduino 的 PWM 输出机理

当运行 analogWrite(Pin)后,该 Pin 引脚将产生一个稳定的特殊占空比方波,从一个引

脚输出模拟值（PWM），可以用来控制 LED 的亮度，或者控制电机的转速。

PWM 的频率决定了输出的数字信号 on 和 off 的切换速度。频率越高，切换速度就越快。频率的大小就是前面提到的调制周期 T 的倒数，即 $f(=1/T)$，见图 12-9。

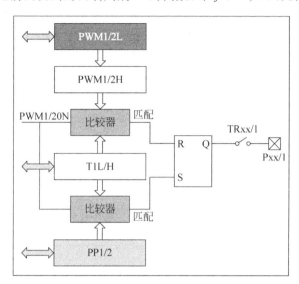

图 12-9　经典 PWM 控制示意图

PWM 模块采用计数定时的原理，每当计时到一个预先设定的最大值，便将 I/O 口置为高电平，计时值清零，然后继续计时到设定的翻转值，再将 I/O 口置为低电平。根据设定值的不同，可以实现不同周期和不同占空比的脉冲，如图 12-10 所示。例如，若在 1s 内，前 0.5s 开，后 0.5s 灭，则占空比为 50%。同样，若在 1ms 内，前 0.5ms 开，后 0.5ms 灭，占空比也是 50%。对于前者，频率就是 1Hz；而对于后者，频率就是 1kHz。

T1L=PWM1L时PWM1输出变为低电平，T1L=PP1
时PWM1输出变为高电平，同时将T1L清零

图 12-10　基于 T1 的 8 位 PWM 输出波形

Arduino 将 T/C0 的溢出中断运用到了 delay()、delayMicroseconds()、millis()、micros() 中，这些函数都写在 Arduino 核心代码 wiring.c 文件中，在 arduino-1.8.8\hardware\arduino\avr\cores\arduino 文件夹中可以找到这个 C 文件。

一般来说，普通用户是不需要设置这些时钟参数的。Arduino 具有默认设置，所有的时钟周期都是系统周期的 1/64。Timer0 默认是快速 PWM，而 Timer1 和 Timer2 默认是相位修正 PWM。

需要特别注意的是,在 Arduino 开发系统中,millis()和 delay()这两个函数是基于 Timer0 时钟的,所以如果修改了 Timer0 的时钟周期,那么这两个函数也会受到影响。直接的效果就是 delay(1000)不再是标准的 1s,也许会变成 1/64s!

在程序中使用 analogWrite(pin,duty_cycle)函数时,就启动了 PWM 模式;当调用 digitalWrite()函数时会取消 PWM 模式。

表 12-2 是用于设置定时器精度的比特值的总结。

表 12-2 计数器的预标定值

预标定因子	CS2、CS1、CS0	精　度	8 位计数器溢出时间	16 位计数器
1	B001	62.5ns	16ms	4.096ms
8	B010	500ns	128ms	32.768ms
64	B011	4ms	1024ms	262.144ms
256	B100	16ms	4096ms	1048.576ms
1024	B101	64ms	16384ms	4194.304ms
	B110	外部时钟,下降沿触发		
	B111	外部时钟,上升沿触发		

所有定时器都以 64 为预分频值初始化。精度的 ns 数等于 CPU 周期(一个 CPU 周期的时间)乘以预分频值。

每个时钟都有一个"预定标器",它的作用是设置定时器的时钟周期,这个周期一般是由 Arduino 的系统时钟除以一个预设的因子来实现的。这个因子一般是 1、8、64、256 或 1024 这样的数值。Arduino 的系统时钟周期是 16MHz,所以这些定时器的频率就是系统时钟除以这个预设值的标定值。需要注意的是,Timer2 的时钟标定值是独立的,而 Timer0 和 Timer1 使用的标定值是相同的。

这些时钟都可以有多种不同的运行模式。通过配置 WGM 来选择波形生成模式,常见的模式包括快速 PWM 和相位修正 PWM(Fast PWM 与 PWM Phase Correct)。这些时钟可以从 0 计数到 255,也可以计数到某个指定的值。例如,16 位的 Timer1 就可以支持计数到 16 位(2 字节)。

除了比较寄存器之外,还有一些其他的寄存器可用来控制时钟。例如,TCCRnA 和 TCCRnB 就可用来设置时钟的计数位数。这些寄存器包含了很多位(bit),它们的作用如下:

脉冲生成模式控制位(WGM)——用来设置时钟的模式;

时钟选择位(CS)——设置时钟的预定标器;

输出模式控制位(COMnA 和 COMnB)——使能/禁用/反相 输出 A 和输出 B;

输出比较器(OCRnA 和 OCRnB)——当计数器等于这两个值时,输出值根据不同的模式进行变化。

不同时钟的这些设置位稍有不同,所以使用的时候需要查阅资料。其中 Timer1 是一个 16 位的时钟,Timer2 可以使用不同的预定标器。

可以通过更改寄存器的值调整 PWM 频率。该寄存器的值和对应的频率如表 12-3
所示。

表 12-3 PWM 调整值

Timer0(引脚 5 和引脚 6)TCCR0B 值	预 分 频 因 子	频率/Hz
33(1)	1	62 500
33(2)	8	7812.5
34	**64**	**976. 5625**
35	256	244. 140 625
36	1024	61. 035 156 25
Timer1(引脚 9 和引脚 10)TCCR1B 值	预分频因子(除数)	频率/Hz
1	1	312 500
2	8	3906. 25
3	**64**	**488. 281 25**
4	256	122. 070 312 5
5	1024	30. 517 578 125
Timer2(引脚 11 和引脚 3)TCCR2B 值	预分频因子(除数)	频率/Hz
1	1	312 500
2	8	3906. 25
3	**64**	**488. 281 25**
4	256	122. 070 312 5
5	1024	30. 517 578 125

所有频率的单位都为赫兹,并默认系统晶振为 16MHz。默认的预分频因子 64 以粗体显示。

12.2.2 程序实现

程序 12-2 能够从串口监视器选择定时器的频率。使用表 12-3 的左侧第 2 列中的值输入一个 1~7 的数字,后面跟一个字母:a、b、c 分别代表 Timer0、Timer1 和 Timer2。

```
1   /*************************************************
2    * 程序 12-2:从串口监视器选择定时器的频率
3    *************************************************/
4   //屏蔽掉不少预分频的值
5   int prescale = 0;
6   const byte mask = 0xF8;
7   void setup()
8   {
9     Serial. begin(9600);
10    analogWrite(3,128);
```

```
11    analogWrite(5,128);
12    analogWrite(6,128);
13    analogWrite(9,128);
14    analogWrite(10,128);
15    analogWrite(11,128);
16  }
17  void loop()
18  {
19    if (Serial.available())
20    {
21      char ch = Serial.read();
22      if(ch >= '0' && ch <= '9')            // 判断 ch 是不是数字?
23      {
24        prescale = ch - '0';
25      }
26      else if (ch == 'a')                   // timer 0;
27      {
28        TCCR0B = (TCCR0B & mask) | prescale;
29      }
30      else if (ch == 'b')                   // timer 1 ;
31      {
32        TCCR1B = (TCCR1B & mask) | prescale;
33      }
34      else if(ch == '0')                    // timer 2;
35      {
36        TCCR2B = (TCCR2B & mask) | prescale;
37      }
38    }
39  }
```

    需要注意的是,应避免改变 Timer0 的频率(用于 analogWrite 的引脚 5 和引脚 6),因为它会导致 delay()和 millis()的计时不正确。

    如果只是把 LED 连接到这个程序的模拟引脚,那么当改变 PWM 速度时,不会看到任何亮度上的显著变化。因为改变的是它开关的速度,而不是开/关时间的比率。

    可以通过设置 TCCRnB 寄存器来改变定时器的 PWM 频率,其中 n 为寄存器编号。

    一个定时器上所有的模拟输出引脚(PWM)都使用相同的频率,因此,改变定时器的频率会影响到所有使用这个定时器的输出引脚。

## 第 13 章

使 Arduino 具有定时中断

在标准的 Arduino 中,只有引脚中断,不含有定时中断。如果想要每隔一段时间做一件事情,而且不想让代码不停检查时间间隔是否已过,怎么办?

Arduino 已经有定时中断的库函数了,可以直接使用,常用的库有 MsTimer2 和 FlexiTimer2,这两个库的用法大同小异,可以很轻松地从网上下载。

MsTimer2 的下载页面如图 13-1 所示。

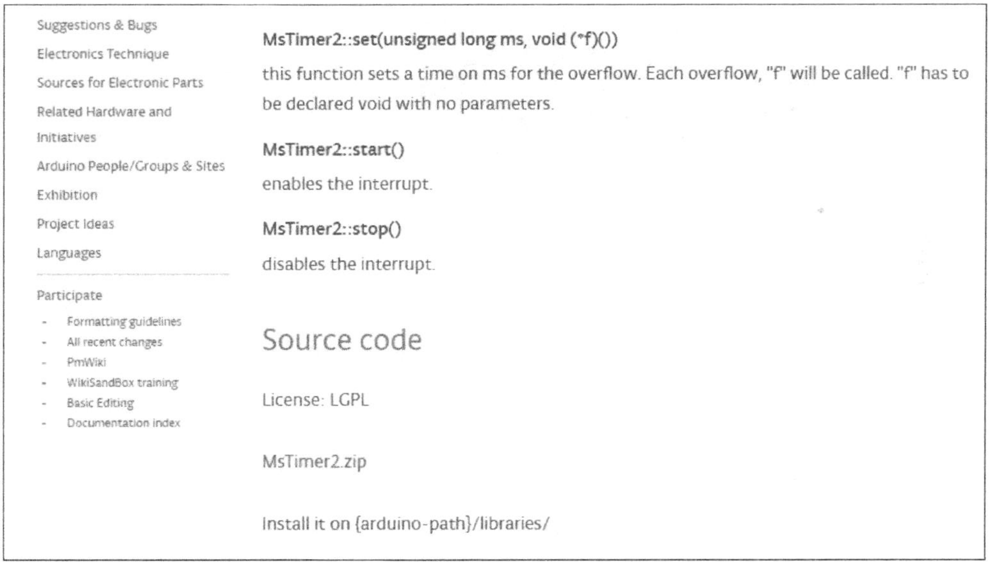

Suggestions & Bugs

Electronics Technique

Sources for Electronic Parts

Related Hardware and

Initiatives

Arduino People/Groups & Sites

Exhibition

Project Ideas

Languages

Participate

- Formatting guidelines
- All recent changes
- PmWiki
- WikiSandBox training
- Basic Editing
- Documentation index

MsTimer2::set(unsigned long ms, void (*f)())

this function sets a time on ms for the overflow. Each overflow, "f" will be called. "f" has to be declared void with no parameters.

MsTimer2::start()

enables the interrupt.

MsTimer2::stop()

disables the interrupt.

Source code

License: LGPL

MsTimer2.zip

Install it on {arduino-path}/libraries/

图 13-1   MsTimer2 下载页面

本例中选择 MsTimer2 库,下载得到一个 MsTimer2.zip 压缩包。

13.1   向 Arduino 中添加 MsTimer2 库

(1) 进入 Arduino IDE,打开"项目"菜单,将鼠标指针移动到"加载库",在"加载库"下的各选项中选择"添加一个.ZIP 库",如图 13-2 所示。

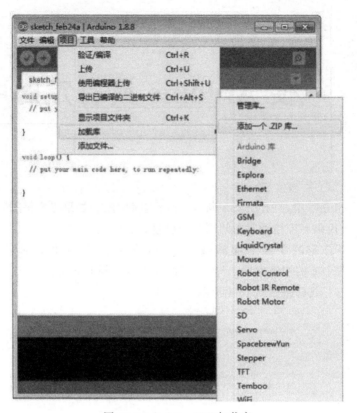

图 13-2　Arduino IDE 加载库

选择想要添加的 MsTimer2.zip，见图 13-3。

图 13-3　选择 .zip 文件

（2）打开"项目"菜单，将鼠标指针移动到"加载库"，在"加载库"下的各选项中选择 MsTimer2，可以看到，程序中自动添加了 #include < MsTimer2.h >，见图 13-4 和图 13-5。

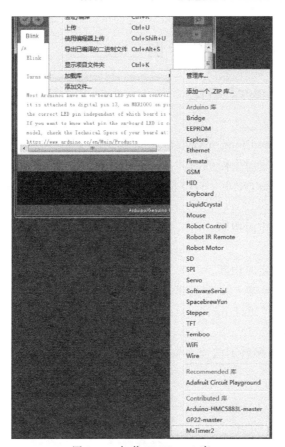

图 13-4 加载 MsTimer2 库

图 13-5 自动添加头文件

13.2 MsTimer2 语法与示例

13.2.1 MsTimer2 语法

(1) void set(unsigned long ms,void(*f)())。

这个函数用来设置定时中断的时间间隔和调用的中断服务程序,其中 ms 表示定时时间的间隔长度,单位是 ms,void(*f)()表示被调用中断服务程序,只写函数名字就可以了。

(2) void start()。

这个函数用来开启定时中断。

(3) void stop()。

这个函数用来关闭定时中断。

注意:以上 3 个函数都是在 MsTimer2 的作用域中进行的,在使用时都要加上作用域(作用域的符号是::),如 MsTimer2::start()。

(4) 示例。

有了 MsTimer2,程序就不需要在 void loop()中不断检测时间是否到了。下面通过示例,详细了解定时中断。

```
1   /***********************************************************
2   * 程序 13-1: 定时中断
3   ***********************************************************/
4   # include <MsTimer2.h>
5   // Toggle LED on pin 13 each second
6   void flash()
7   {
8     static boolean output = HIGH;
9     digitalWrite(13,output);
10    output = !output;
11  }
12  void setup()
13  {
14    pinMode(13,OUTPUT);
15    MsTimer2::set(100,flash);           // 0.5s 执行一次
16    MsTimer2::start();
17  }
18  void loop()
19  {
20  }
```

13.2.2　可以设置间隔时间的定时中断实验

使用 MsTimer2 库产生定时中断时，它的周期可以使用串口监控器来设置，可利用设置
的值，使引脚 13 的灯闪烁。可以通过提供时间间隔和间隔到期后调用的函数名称来使用定
时器。

微课视频 13
使 Arduino 也
具有定时中断

MsTimer2::set(period/2,flash)：这个函数用来设置计时器。第一个参数是以毫秒为
单位的计时器时间。第二个参数是当定时器到时间后调用函数的名称(在本节中该函数被
命名为 flash())。

MsTimer2::start()：正如其名称所示，start 启动定时器的运行。另一个名为 stop 的
方法停止计时器的运行。

LED 的开关不是在主程序里通过直接调用来执行的，而是写在 flash() 函数中。当所
设的时间间隔结束时，flash() 函数自动被 MsTimer2 库调用。在 loop() 中的代码处理来自
串口的信息，并根据它来设置计时器时间。

利用串口监视器，输入以毫秒为单位的所需的时间周期。程序累加这些数字，并把接收
到的值除以 2 来计算开启和关闭状态的持续时间(周期为开和关的时间的总和，可用的最小
值是 2)。

代码实现如下所示。

```
1    /***********************************************************
2    * 程序 13-2: 使用串口监视器设置的速度来使引脚 13 的灯闪烁
3    *********************************************************** /
4    # include <MsTimer2.h>
5    const int pulsePin = 13;
6    const int NEWLINE = 10;                  //换行符的 ASCII 值
7    int period = 100;                        //10ms
8    boolean output = HIGH;                   //脉冲引脚的状态
9    void setup()
10   {
11     pinMode(pulsePin,OUTPUT);
12     Serial.begin(9600);
13     MsTimer2::set(period/2,flash);
14     MsTimer2::start();
15     period = 0;                           //复位到零,为串口输入做准备
16   }
17   void loop()
18   {
19     if (Serial.available())
20     {
21       char ch = Serial.read();
22       if(isDigit(ch))                     //是不是 0~9 的 ASCII 数字?
23       {
```

```
24          period = (period * 10) + (ch - '0');        //如果是,则累加值 period
25        }
26      else if(ch == NEWLINE)                          //字符是不是换行符
27        {
28          Serial.println(period);
29          MsTimer2::set(period/2,flash);
30          MsTimer2::start();
31          period = 0;                                 //重置为 0,准备下一个数字序列
32        }
33      }
34  }
35  void flash()
36  {
37      digitalWrite(pulsePin,output);
38      output = !output;                               //反转输出
39  }
```

运行时打开串口监视器下拉窗口,在每次发送的结尾追加一个换行符。显然,用库来控制定时器比直接访问寄存器要容易得多。

注意,这个库使用定时器 2,所以它会阻止 analogWrite 操作引脚 3 和引脚 11。同时,如果一个 LED 闪烁速度非常快,那么人可能看不出闪烁。

第 14 章

Arduino 开源资源及使用

14.1 多样的 Arduino 开源硬件及开源库

除了各种核心 Arduino 开发板（如 Arduino UNO、Arduino Nano、Arduino Mega 等）外，Arduino 还有各种扩展板，这些扩展板用于实现各种强大的功能，如网络模块、GPRS 模块、语音模块等。

在图 14-1 所示的开发板两侧可以插其他引脚的地方，就是可安装其他扩展板的位置。它被设计为像积木一样，可以通过一层层的叠加实现各种各样的扩展功能。例如，Arduino UNO 同 W5100 网络扩展板可以实现上网的功能，堆插传感器扩展板可以扩展 Arduino 连接传感器的接口。图 14-1 和图 14-2 为 Arduino 同扩展板连接的例子。

图 14-1　Arduino UNO 与一块原型扩展板连接

图 14-2　Arduino UNO 与网络扩展板连接

14.1.1　开源硬件

自从 2005 年面世以来，Arduino 的硬件一直在缓慢升级换代，至今已推出了多种型号板卡及众多扩展板。Arduino 产品使用的 CPU 是多种多样的，有 ATmega328、ATmega1280、ATmega2560 甚至 ARM 32 位的 SAM3X8E CPU。所有的板子都用同一种语言编程，而且大部分板子对外的接口也是统一的，所以，如果学会了 Arduino UNO，那么用起其他板来也很简单。

当前可用的 Arduino 产品(见图 14-3)可以在官网①查询,这些产品都是经过 Arduino 组织认证的。如果你想知道某一种 Arduino 板是不是经过认证的,可以在官网查询。

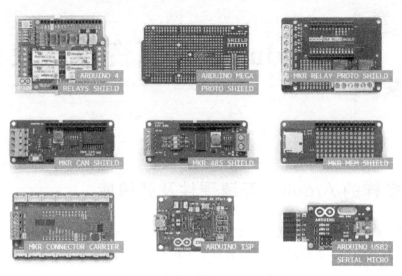

图 14-3 众多型号的 Arduino 产品

1. 普通开发板

开发板的 CPU 一般为 ATmega328,它们易于使用,可以用于学习和进行一般的创意产品开发。除了前几章介绍的 Arduino UNO 外,还有 Arduino Nano、Arduino Mini 等开发板也获得了大量的应用,可以轻松在线上购买,见图 14-4。

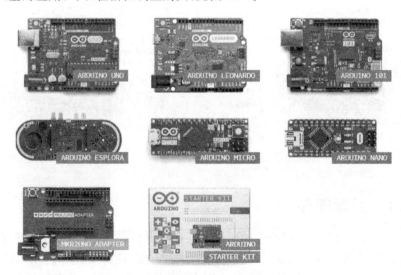

图 14-4 常用的 Arduino 开发板

---

① https://www.arduino.cc/en/Main/Products.

（1）Arduino Nano 核心开发板。

Arduino Nano 为使尺寸减小，在设计中去掉了直流电源接口，除了外观尺寸变小以外，其他接口及功能保持不变，采用了 Mini-B 标准的 USB 接口来连接计算机。控制器同样采用 ATmega328，如图 14-5 所示。

（2）Arduino Pro Mini 核心开发板见图 14-6。

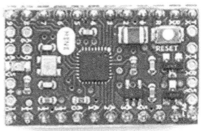

图 14-5　Arduino Nano　　　　图 14-6　Arduino Pro Mini 核心开发板

有些应用中，对空间要求十分严格。Arduino Pro Mini 就是针对这种需求而设计的，它在设计时甚至去掉了 USB 接口和复位开关，这样能减小 Arduino 的尺寸。唯一的问题是，在连接计算机或烧写程序时，需要一个 USB 或 RS232 转换成 TTL 的适配座。

2. 高性能板核心开发板

（1）Arduino Mega2560。

Arduino Mega2560 的控制器采用的是 ATmega2560，如图 14-7 所示。

图 14-7　Arduino Mega2560 开发板

Mega2560 的处理器核心是 ATmega2560，它的资源要比之前的 Arduino UNO 丰富很多，用于满足需使用较多资源进行产品设计与开发的用户需求。

它同时具有 54 路数字输入/输出口（其中 16 路可作为 PWM 输出）、16 路模拟输入、4 路 UART 接口、一个 16MHz 晶体振荡器、一个 USB 口、一个电源插座、一个 ICSP 插座和一个复位按钮。

（2）Arduino Due。

Arduino Due 是一块基于 SAM3X8E CPU 的微控制器板，它是第一块基于 32 位 ARM 核心的 Arduino，如图 14-8 所示。

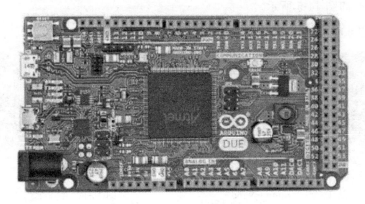

图 14-8　Arduino Due 开发板

它有 54 个数字 I/O 口（其中 12 个可用于 PWM 输出）、12 个模拟输入口、4 路 UART 硬件串口、84MHz 的时钟频率、一个 USB OTG 接口、两路 DAC（数模转换器）、两路 TWI、一个电源插座、一个 SPI 接口、一个 JTAG 接口、一个复位按键和一个擦写按键。

使用 32 位 ARM 核心的 Due 相较于以往使用 8 位 AVR 核心的其他 Arduino 更强大。明显的差别有：32 位 CPU 内核在一个时钟能处理 32 位的数据、84MHz 的 CPU 时钟频率、96KB 的 SRAM、512KB 的 Flash、一个 DMA 控制器能减轻 CPU 做大量运算时的压力。

3. 物联网（IoT）板

使用物联网板卡，可以轻松实现连接被控设备，并可接入互联网，见图 14-9。

（1）Arduino Ethernet。

以 W5100 为核心的 Arduino Ethernet 网络扩展模块，可以使 Arduino 成为简单的 Web 服务器或者实现通过网络控制读写 Arduino 的数字和模拟接口等网络应用。直接使用 IDE 中的 Ethernet 库文件，便可实现一个简单 Web 服务器。同时该版本支持 mini SD 卡（TF 卡）读写，功能强大。

该扩展板采用了可堆叠的设计，可直接插到 Arduino 上，同时，其他扩展板也可以接着层层插上去，如图 14-10 所示。

（2）Arduino Yun Mini 见图 14-11。

Arduino Yun Mini 是利用 ATmega 32u4 MCU 和 QCA MIPS 24K SoC CPU（工作频率高达 400MHz）的开发板。Qualcomm Atheros CPU 支持基于 OpenWRT 的 Linux 版本——Linino。

Arduino Yun Mini 有内置 WiFi（IEEE 802.11b/g/n 运行时工作频率可达 2.4GHz），支持 19 个数字输入/输出引脚（其中 1 个引脚可用作 PWM 输出，12 个引脚用作模拟输入）、

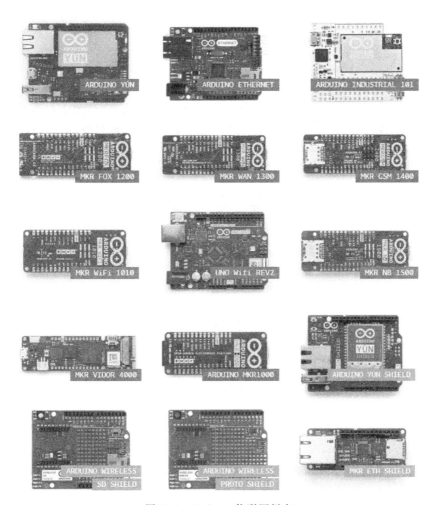

图 14-9　Arduino 物联网板卡

图 14-10　Arduino Ethernet

图 14-11　Arduino Yun Mini

一个16MHz晶体振荡器、一个微型USB连接器、一个ICSP头部、两个重置按钮和一个用户按钮。

4. 扩展板

Arduino获得成功还有一个原因,它并不仅限于核心板,还有相当多的和Arduino兼容的扩展板可以直接插在Arduino板上使用,以便增加原来Arduino硬件上没有的功能,如马达控制、GPS、有线网路、液晶显示器、陀螺仪、WiFi、蓝牙、无线射频或者是面包板。几乎在每个你能想到的领域,都有对应的扩展板,见图14-12。

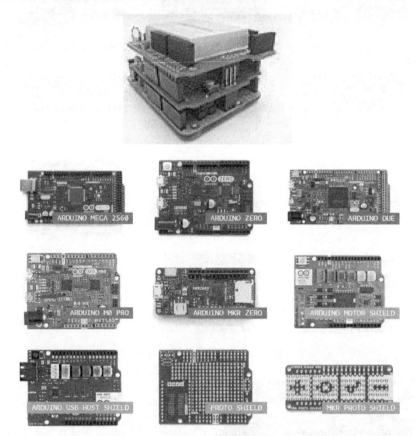

图 14-12 众多 Arduino 扩展板(出自 https://www.arduino.cc/en/Main/Products)

把扩展板一个叠一个地插在一起堆叠起来,这里最上层的扩展板上含有面包板,可以避免使用锡焊。

使用者也可以自己动手做 Shields 扩充板。上面介绍的这些 Arduino 板都是应用最广泛且最流行的,但是 Arduino 板的范围还在不断变化,要想了解完整的最新 Arduino 系列,请访问官方网站[①]。

---

① www. Arduino. cc/en/main/hardware.

14.1.2　Arduino 库

Arduino 的开源原则使它的发展速度越来越快,尽管 Arduino 语言功能普通,但由于有开发者开发库的支持,可以完成许多令人惊奇的功能,这使开发过程变得很简便。

在标准函数库中,有些函数会经常用到,如小灯闪烁的示例程序 Blink 中,数字 I/O 口模式定义函数 pinMode(pin,mode)、时间函数中的延时函数 delay(ms)、串口定义波特率函数 Serial. begin(speed)和串口输出数据函数 Serial. print(data)。

也有大量的 Arduino 封装库被用来完成复杂的任务,例如,写入 SD 记忆卡、写入液晶显示屏驱动、解析 GPS 等库函数。

1. IDE 自带的官方标准库

安装 Arduino IDE 1.8.5 成功后,就自带了 23 个库,如图 14-13 所示。其中主要的库如表 14-1 所示,可在官网下载[①]。

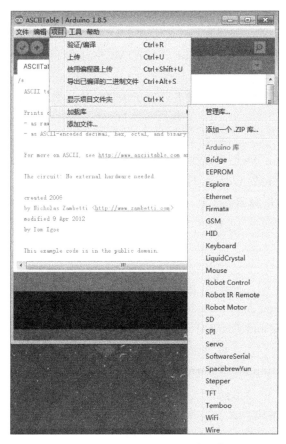

图 14-13　Arduino IDE 自带的库

---

① http://arduino. cc/en/Reference/Libraries.

表 14-1 常用的 Arduino 库

库 名 称	用 途
E^{2}PROM	读写 E^{2}PROM
Ethernet	使用 Ethernet 扩展板
Firmata	用于使用标准串行协议与计算机上的应用程序通信
GSM	用于连接带有 GSM 扩展板的 GSM/GRPS 网络
LiquidCrystal	用于控制液晶显示器(LCD)
SD	用于读写 SD 卡
Servo	用于比例控制舵机控制
SPI	用于使用串行外围接口(SPI)总线与设备通信
SoftwareSerial	将通用数字 I/O 引脚模拟为串行通信口,即模拟串行
Stepper	用于控制步进电机
TFT	用于在 Arduino TFT 屏幕上绘制文本、图像和形状
WiFi	使用 WiFi 扩展板连接互联网
Wire	两线接口(TWI/I^{2}C)发送接收数据驱动库

有了这些标准库,使得进行 Arduino 开发比 MCS-51 便利得多。

2. 非官方库文件

由于 Arduino 的开源性,许多开发者开发了大量的库函数,并公开上传到互联网上与大家分享[1],见图 14-14。

3. 第三方库

在开源网站 GitHub 上,也可以找到大量的第三方支持库,见图 14-15。

GitHub 有许多很好的 Arduino 库[2]。

另外,在 Arduino 开源园区[3]上,可以看到会员上传的各类 Arduino 库,主要分以下几类:

- Audio
- Cloud
- Communications
- Cryptography
- Data Structures and Algorithms
- Graphing Data
- Home Automation and Internet of Things
- Input/Output
- Buttons & Debouncing

---

[1] https://www.arduinolibraries.info/.

[2] https://github.com/topics/arduino-library.

[3] https://playground.arduino.cc/Main/LibraryList#OtherLists.

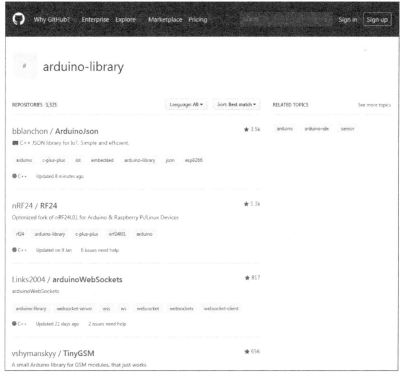

图 14-14　网络上的非官方库

图 14-15　GitHub 上的第三方库

- LED Control
- Multiple LED Control
- Other Input/Output
- Interrupts
- LCDs
- Textual LCDs
- Graphical/Color LCDs
- Math
- Menu
- Motion Control
- Motor Drivers
- Robotics
- Power Control
- AC Zero-Cross PWM
- Signal Processing
- Schedulers and Pseudo Operating Systems
- Sensors
- Storage & Memory
- Strings
- Testing, Utilities and Power Saving
- Timing

使用第三方库,可以使原本繁杂的编程变得简化许多,下面举例说明。

14.2 Arduino 自带库的使用实例

14.2.1 IDE 自带 LCD 库——LCD1602 液晶显示实验

1. LCD1602 液晶显示屏

LCD1602 液晶显示屏有 2 行 16 列显示,是最常用的一种,很具有代表性,它的驱动模式分为 4 总线和 8 总线 2 种驱动方式。下面介绍如何在 Arduino 系统连接和使用这种普通的文字和图形 LCD 屏,见图 14-16。

使用 LCD 显示屏比较复杂,首先要对 LCD 显示屏上的控制器写入功能初始化设置指令,之后再将要显示的数据送到 LCD 进行显示。它的读写操作、屏幕和光标的操作都是通过指令编程来实现的。指令集说明如下(1 为高电平、0 为低电平),见图 14-17。

指令 1——清显示,指令码 01H,光标复位到地址 00H 位置。

指令 2——光标返回,光标返回到地址 00H。

图 14-16 LCD1602 液晶显示屏

序号	指令	RS	RW	D7	D6	D5	D4	D3	D2	D1	D0
1	清显示	0	0	0	0	0	0	0	0	0	1
2	光标返回	0	0	0	0	0	0	0	0	1	*
3	置输入模式	0	0	0	0	0	0	0	1	I/D	S
4	显示开/关控制	0	0	0	0	0	0	1	D	C	B
5	光标或字符移位	0	0	0	0	0	1	S/C	R/L	*	*
6	置功能	0	0	0	0	1	DL	N	F	*	*
7	置字符发生存储器地址	0	0	0	1	字符发生存储器地址（AGG）					
8	置数据存储器地址	0	0	1	显示数据存储器地址（ADD）						
9	读忙标志或地址	0	1	BF	计数器地址（AC）						
10	写数据到CGRAM或DDRAM	1	0	要写的数据							
11	从CGRAM或DDRAM读数据	1	1	读出的数据							

图 14-17 1602 型液晶屏内部控制器的控制指令

指令 3——设置输入模式：光标移动方向,高电平右移,低电平左移。S:屏幕上所有文字是否左移或者右移。高电平表示有效,低电平则无效。

指令 4——显示开/关控制。D：控制整体显示的开与关,高电平表示开显示,低电平表示关显示；C：控制光标的开与关,高电平表示有光标,低电平表示无光标；B：控制光标是否闪烁,高电平闪烁,低电平不闪烁。

指令 5——光标或显示移位。S/C：高电平时移动显示的文字,低电平时移动光标。

指令 6——设置功能。DL：高电平时为 4 位总线,低电平时为 8 位总线；N：低电平时为单行显示,高电平时双行显示；F：低电平时显示 5×7 的点阵字符,高电平时显示 5×10 的点阵字符。

指令 7——设置字符发生存储器地址。

指令 8——设置数据存储器地址。

指令 9——读忙标志和地址。BF：忙标志位,高电平表示忙,此时模块不能接收命令或者数据；低电平表示不忙。

指令 10——写数据。

指令 11——读数据。

2．实验电路连接

LCD1602 液晶显示屏的驱动方式有 8 总线、4 总线两种方式，由于 Arduino UNO 的数字端口只有 14 个，如果 LCD1602 就占用了 10 个，则会对以后的电路扩展带来极大的不便。因此，我们使用该液晶的 4 总线驱动方式，可以节省 3 个数字端口出来做其他扩展。定义接线图如图 14-18 所示。

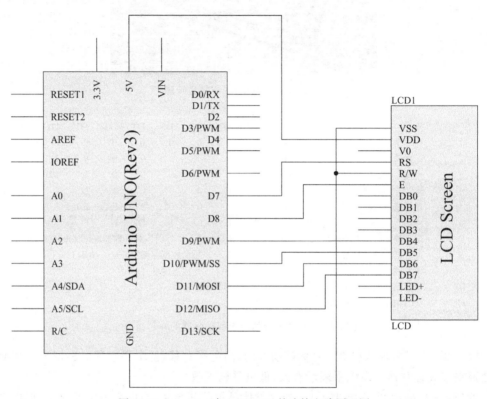

图 14-18　Arduino 与 LCD1602 的连接电路原理图

需要注意的是，液晶根据不同的颜色、不同的型号，对比度(VEE)调节电压也不同，一般都需要接一个电位器进行调节，本实验使用的是灰膜液晶，VEE 直接接地即可。

- 将 LCD 显示屏 RS 引脚接到 Arduino 的引脚 7；
- 将 LCD 显示屏 RW 引脚接到 GND；
- 将 LCD 显示屏 E 引脚接到 Arduino 的引脚 8；
- 将 LCD 显示屏 D4 引脚接到 Arduino 的引脚 9；
- 将 LCD 显示屏 D5 的引脚接到 Arduino 的引脚 10；
- 将 LCD 显示屏 D6 的引脚接到 Arduino 的引脚 11；
- 将 LCD 显示屏 D7 的引脚接到 Arduino 的引脚 12。

为了书写简便,以后将上述硬件连接表示为:

```
LCD RS > 7
LCD RW > GND
LCD E > 8
LCD D4 > 9
LCD D5 > 10
LCD D6 > 11
LCD D7 > 12
```

导入 LiquidCrystal. h。

3. Arduino LiquidCrystal 库简介

这个库封装了对 LCD 芯片的一些操作,用起来很方便,不用再自己编写相关的芯片时序控制、数据或命令读写等函数的代码。

(1) LiquidCrystal()。

创建一个 LiquidCrystal 的实例。可使用 4 线或 8 线方式作为数据线,若采用 4 线方式,将 d0~d3 悬空。RW 引脚可接地而不用接在 Arduino 的某个引脚上,如果这样接,则可省略在函数中的 rw 参数。

构造函数:

```
LiquidCrystal(rs,enable,d4,d5,d6,d7)
LiquidCrystal(rs,rw,enable,d4,d5,d6,d7)
LiquidCrystal(rs,enable,d0,d1,d2,d3,d4,d5,d6,d7)
LiquidCrystal(rs,rw,enable,d0,d1,d2,d3,d4,d5,d6,d7)
```

参数说明:

rs——rs 连接的 Arduino 的引脚编号;

rw——rw 连接的 Arduino 的引脚编号;

enable——enable 连接的 Arduino 的引脚编号;

d0~d7——连接的 Arduino 的引脚编号。

(2) begin()。

指定显示屏的尺寸(宽度和高度)。

参数说明:

lcd——一个 LiquidCrystal 类型的变量;

cols——显示器可以显示的列数(1602 是 16 列);

rows——显示器可以显示的行数(1602 是 2 行)。

(3) clear()。

清屏。

(4) setcursor()。

将光标定位在特定的位置。

参数说明:

lcd——一个 LiquidCrystal 类型的变量；

col——要显示光标的列；

row——要显示光标的行。

(5) print()。

将文本显示在 LCD 上。

语句：

```
lcd.print(data)
lcd.print(data,BASE)
```

参数说明：

data——要显示的数据,可以是 char、byte、int、long 或者 string 类型。

BASE——可选 BIN、DEC、OCT、HEX,分别将数字以二进制、十进制、八进制、十六进制方式显示出来。

4. 示例代码

```
1   /*****************************************************
2   *  程序 14-1: 1602 液晶显示
3   *****************************************************/
4   /*****************************************************
5   *  1602A_LCD_4-2-4-1
6   *  LCD RS > 7
7   *  LCD RW > GND
8   *  LCD E > 8
9   *  LCD D4 > 9
10  *  LCD D5 > 10
11  *  LCD D6 > 11
12  *  LCD D7 > 12
13  *****************************************************/
14  # include < LiquidCrystal.h >
15  LiquidCrystal lcd(7,8,9,10,11,12);
16  void setup()
17  {
18      lcd.begin(16,2);
19      lcd.setCursor(0,1);
20      lcd.write("www.sylu.edu.cn");
21  }
22  void loop()
23  {
24  }
```

LCD1602 显示出 www.sylu.edu.cn,见图 14-19。

该库还有其他很多有用的函数,这里就不一一介绍了,具体应用时可以查阅相关库资料。

图 14-19　实验结果

14.2.2　Arduino 控制舵机

1. 舵机

舵机又称伺服电机,是一种具有闭环控制系统的机电结构。舵机主要由外壳、电路板、无核心电机、齿轮与位置检测器构成。其工作原理是由控制器发出 PWM(脉冲宽度调制)信号给舵机,经电路板上的 IC 处理后,计算出转动方向,再驱动无核心马达转动,通过减速齿轮将动力传至摆臂,同时由位置检测器(电位器)返回位置信号,判断是否已经到达设定位置。舵机使我们可以准确地控制物理运动,它们通常移动到一个位置,而不是连续旋转,很适合使物体在 0°~180°的范围内旋转。

2. 舵机接口

舵机的转动位置是靠控制 PWM 信号的占空比来实现的,标准 PWM 信号的周期固定为 20ms,占空比 0.5~2.5ms 的正脉冲宽度和舵机的转角−90°~90°相对应,见图 14-20。

3. 控制舵机

虽然 analogWrite( )能够输出脉冲宽度调制 PWM 信号,但是与舵机要求是不同的,如果把舵机直接连到 analogWrite( )的输出端,则可能会损坏它。为了控制舵机,请使用 Servo 库。

Arduino 官方网站提供了一个很好的舵机调用函数库(Servo 库),它可以由 Arduino 的任意 I/O 口控制舵机。

由于只是做演示用,舵机 5V 电源就暂时使用 Arduino 上的,但注意不可长时间使用,当长时间使用时应该选择外部供电,不可使用 USB 供电。

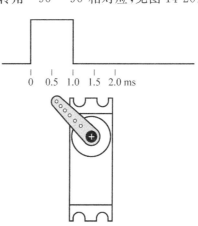

图 14-20　用 PWM 控制舵机的转动位置

4. 加载、使用 Servo 库控制舵机

在 Arduino 的开发平台 Arduino IDE 面板中,打开"项目"菜单,在"加载库"的各选项中选择 Servo,如图 14-21 所示。

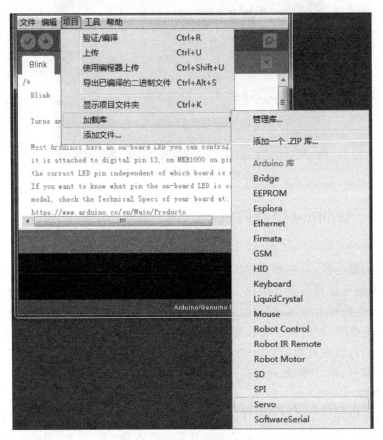

图 14-21 Servo 库的加载

下列代码使用 Arduino IDE 中的串口监视器发送数据来控制舵机的旋转角度。

```
1   /***********************************************************
2    * 程序 14-2:发送数据来控制舵机的旋转角度
3    ***********************************************************/
4   # include < Servo. h >
5   Servo servo1;                          //定义舵机 1
6   void setup()
7   {
8       servo1.attach(8);                  //定义舵机控制口
9       servo1.setMaximumPulse(2200);      //定义旋转的时间
10      Serial.begin(19200);               //设置波特率
11      Serial.print("Ready")
```

```
12  }
13  void loop()
14  {
15      static int v = 0;
16      if (Serial.available())
17      {
18          char ch = Serial.read();                    //读取串口数据
19          switch(ch)
20          {
21              case '0'...'9':
22                  v = v * 10 + ch - '0';              //字符换算成十进制
23                      break;
24          //如果数据后带a,则表示是servo1的数据
25          //比如串口发送85a v = 0;
26              case 'a':
27                  servo1.write(v);
28              break;
29          }
30      }
31      Servo::refresh();                               //刷新
32  }
```

第 15 章

产品快速开发实例

Arduino 开源硬件也是一个优秀的硬件开发平台,开发者可以直接使用它快速搭建出硬件系统,并可以在互联网上找到相应的示例代码、Arduino 第三方硬件、外设、类库等支持,帮助开发者迅速制作出自己想要制作的电子设备,适用于快速产品原型开发。

15.1 电子与通信专业综合实训平台设计

本节介绍一个电子与通信专业实训平台的设计,以及在本平台上开发的几项作品。利用本平台提供的硬件资源还可以开发出更多开放性实验。

15.1.1 电子与通信专业开放式综合实训平台硬件

该实训平台的硬件电路由主控部分(Arduino UNO R3 开发板)、超声波测距模块(HC-SR04)、自动回转云台 3 部分组成。各部分之间相互协作,构成一个统一的有机整体。搭建完硬件平台后,就可以上网找资料、编程控制硬件平台上的各种功能电路了。

1. 实训平台外观

综合实训平台的前、后面板分别如图 15-1 和图 15-2 所示。

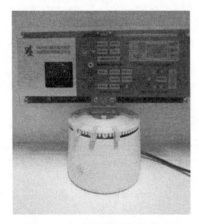

图 15-1　综合实训平台的前面板

图 15-2　综合实训平台的后面板

2．实训平台外围接口

本综合实训平台的核心是 Arduino UNO，平台是开放式设计，可以编程控制其中的硬件部分。围绕 UNO 搭建了以下外围接口硬件。

（1）超声脉冲雷达 HC-SR04。

按照脉冲雷达原理设计，采用超声波发射接收探测脉冲，转台与发射机/接收机相连接。受时钟控制的发射机向目标发射探测脉冲，目标反射回来的信号经接收机信号处理送到数字 PPI 显示器上显示。实验装置让读者在了解雷达测距基本原理的基础上，对雷达各部分组件及信号处理过程进行测试分析及调试。

（2）跳频无线数据传输 nRF905 模块。

如果使用两个实训平台硬件，无线传输模块选用 nRF905，可以将其中一个设置为 server 端，另一个设置为 client 端。两个实训平台间采用无线连接，可以互相传送数据。在学习的基础上，可以设计出丰富多彩的实用新产品。

（3）电子罗盘 HML5883L 模块（略）。

（4）继电器驱动与控制电路（略）。

3．Arduino UNO 板引脚分配

搭建好硬件平台，定义好在 Arduino 中的引脚映射（见图 15-3）后，就可以自己开发各种创新作品了。15.1.2 节和 15.1.3 节在此平台上开发出的作品示例，下面进行介绍。

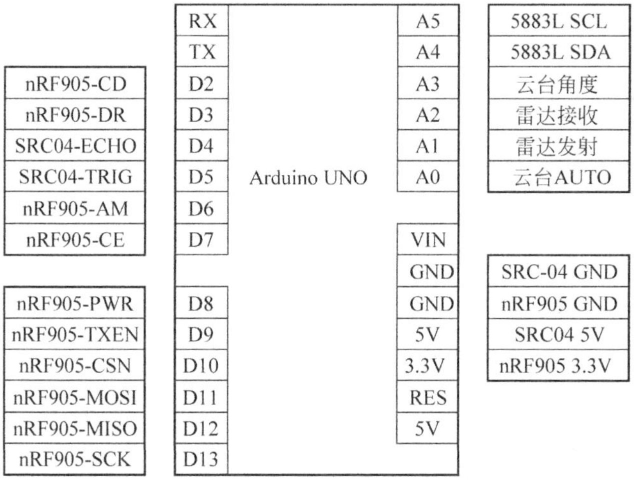

	RX		A5	5883L SCL	
	TX		A4	5883L SDA	
nRF905-CD	D2		A3	云台角度	
nRF905-DR	D3		A2	雷达接收	
SRC04-ECHO	D4	Arduino UNO	A1	雷达发射	
SRC04-TRIG	D5		A0	云台AUTO	
nRF905-AM	D6				
nRF905-CE	D7		VIN		
			GND	SRC-04 GND	
nRF905-PWR	D8		GND	nRF905 GND	
nRF905-TXEN	D9		5V	SRC04 5V	
nRF905-CSN	D10		3.3V	nRF905 3.3V	
nRF905-MOSI	D11		RES		
nRF905-MISO	D12		5V		
nRF905-SCK	D13				

图 15-3 实训平台 Arduino UNO 接口分配图

15.1.2 脉冲雷达测距及 PPI 显示

1．超声雷达测距

本设计采用超声波测量距离，首先测出超声波从发射到遇到障碍物返回所经历的时间，再乘以超声波的速度就得到 2 倍的声源与障碍物之间的距离。

（1）HC-SR04 超声波测距模块。实物图见图 15-4。

该模块可提供 3～3.5m 的非接触式距离感测功能，模块包括超声波发射器、接收器与控制电路。超声波测距模块由信号 TRIG 触发后发射超声波，当超声波投射到物体而反射回来时，模块输出一个回响信号 ECHO，可以利用触发信号和回响信号间的时间差来测定物体的距离，原理见图 15-5。

时序图如 15-6 所示。

单片机应给出至少 $10\mu s$ 的高电平信号 TRIG 触发测距，触发后模块自动发送 8 个 40kHz 的方波，发出的超声波遇到障碍物后反射回模块接收端，如果在工作范围内有信号返回被检测，那么模块 ECHO 输出一个高电平，高电平持续的时间就是超声波从发射到返回的时间。

图 15-4 HC-SR04 超声波测距模块的实物图

（2）pulseIn(pin,value,timeout)。

脉冲长度记录函数，返回时间参数(μs)，pin 表示为 0～13，value 为 HIGH 或 LOW。例如，value 为 HIGH，当 pin 输入为高电平时开始计时；当 pin 输入为低电平时停止计时，然后返回该时间。

```
1   /*********************************************************
2    * 程序 15 - 1: 给 HC - SR04 发出 ECHO 低电平 2μs, 高电平 10μs
3    *********************************************************/
4   void setup()
5   {
6   }
7   void loop()
8   {
9       digitalWrite(outputPin,LOW);              //发出低电平 2μs
10      delayMicroseconds(2);
11      digitalWrite(outputPin,HIGH);             //发出高电平 10μs
12      delayMicroseconds(10);
13      digitalWrite(outputPin,LOW);              //保持发出超声波信号接口低电平
14      //读出脉冲时间,将脉冲时间转化为距离(单位: 厘米)
15      int distance = pulseIn(inputPin,HIGH);
16      distance = distance/58;
17      //输出距离值
18      Serial.println(distance);
19      delay(50);
20  }
```

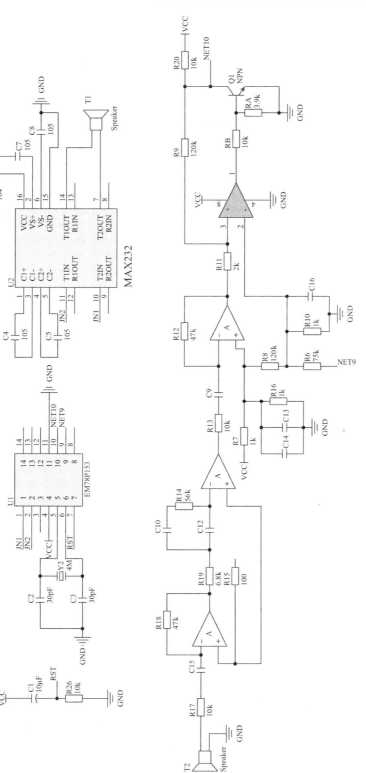

图 15-5 超声波测距模块（HC-SR04）电路原理图

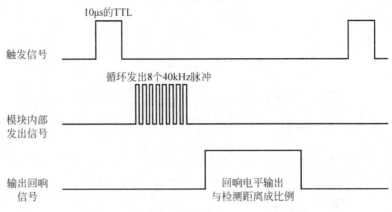

图 15-6 超声波测距模块(HC-SR04)时序图

（3）实训平台雷达端完整程序。

```
1    /****************************************************
2     * 程序 15-2：雷达端程序完整代码
3     ****************************************************/
4    const int echopin = 4;                    //ECHO 接 4 端口
5    const int trigpin = 5;                    //TRIG 接 5 端口
6    const int CS = 18;
7    // 连接电位器中心端至模拟输入引脚 A3
8    // 将 LED 连接至 A9
9    int sensorValue = 0;
10   int outputValue = 0;
11   float distance;
12   void setup()
13   {
14       Serial.begin(9600);
15       pinMode(echopin, INPUT);             //设定 echo 为输入模式
16       pinMode(trigpin, OUTPUT);            //设定 trig 为输出模式
17       analogReference(INTERNAL);
18   }
19   void loop()
20   {
21       digitalWrite(trigpin, LOW);
22       delayMicroseconds(2);
23       digitalWrite(trigpin, HIGH);
24       delayMicroseconds(10);
25       //发一个 10ms 的高脉冲去触发 TrigPin
26       digitalWrite(trigpin, LOW);
27       float distance = pulseIn(echopin, HIGH);    //接收高电平时间
28       distance = distance/58.0;           //计算距离
29       Serial.println(distance);           //输出距离
```

```
30      // distance = 30;
31      //delay(300);
32      // read the analog in value:
33      // sensorValue = analogRead(analogInPin);
34      // map it to the range of the analog out:
35      // outputValue = map(sensorValue,0,1023,0,360);
36      // change the analog out value:
37      //analogWrite(analogOutPin,outputValue);
38      // print the results to the serial monitor:
39      //Serial.print("sensor = " );
40      //Serial.println(sensorValue);
41      //Serial.print("output = ");
42      Serial.print(F("DIS:"));
43      Serial.print(distance; 2);
44      Serial.print(F("#ANG:"));
45      Serial.println(outputValue);
46      //Serial.println(outputValue);
47      delay(30); //循环间隔60μs
48  }
```

2. 雷达 PPI 显示器

测距数据由超声波脉冲雷达单元提供,超声波测距模块与水平回转云台相连接,模拟雷达探测的扫描工作方式。超声波测距模块完成信号的收发,提供测距信息。用 Arduino 对回转云台及超声波测距模块进行驱动,图形显示界面采用 Processing 软件编程,实现雷达 PPI(平面位置显示)。性能指标如下:

方位距离——电子刻度显示;

雷达目标辉度显示级别——256;

最亮余晖消隐时间——5~15s(可编程)。

(1) 平面位置显示。

雷达显示器的类型很多,常见的画面格式有十余种,按显示的坐标数目分为一度空间显示器、二度空间显示器和三度空间显示器 3 类。

PPI(平面位置显示)属于径向圆扫描显示,采用长余晖电磁偏转阴极射线管或静电偏转示波管实现。PPI 显示器的优点为目标数据直观,易于理解,通常用于搜索警戒和作战指挥。其显示效果如图 15-7 所示,图中扫描线的指向为雷达天线的方位,扫描中心点与回波信号间的长度代表目标的距离,回波的形状能够体现目标的回波特征。

(2) Processing 的 PPI 显示。

Processing 由美国麻省理工学院媒体实验室(M. I. T. Media Laboratory)美学与运算小组(Aesthetics & Computation Group)的 Casey Reas 与 Ben Fry 设计。Processing 是 Java 语言的延伸,并支持许多现有的 Java 语言架构,不过在语法上简单许多。

使用 Processing 软件创建图形可视化界面、通过相连接的串口获取从 Arduino 传来的

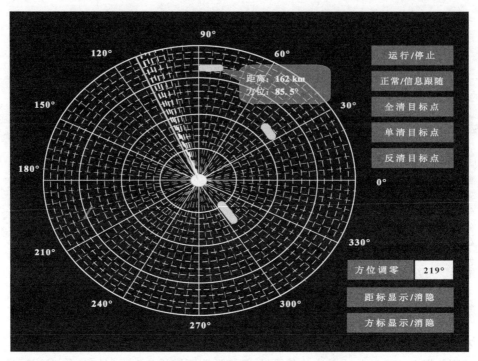

图 15-7　雷达 PPI 显示器的图形显示界面

雷达测距数据,使雷达图像实时显示在计算机屏幕上。在此基础上,再对轮廓提取、尾迹显示等进一步处理,实现友好的雷达操作平台,实现雷达 PPI 显示。

　　分别编写 Arduino 和 Processing 代码,并分配不同的虚拟串口,以连接两个不同的软件,实现数据的实时传输。

```
1    /*************************************************
2    * 程序15-3: 雷达PPI显示可视化界面的程序
3    *************************************************/
4    import processing.serial.*;
5    Serial myPort;
6    float r = 250;
7    float a = 0;
8    float x,y;
9    String inString;
10   String rawDistance;
11   float distance,angle;
12   int lf = 10;
13   void setup()
14   {
15       size(600,600);                    //定义画布尺寸
16       background(0);                    //背景颜色为黑色
```

```
17        smooth();
18        stroke(255);                              //彩盘线条颜色白色
19        frameRate(100);                           //加快转速
20        myPort = new Serial(this,Serial.list()[1],9600);
21        myPort.clear();
22        myPort.bufferUntil('\n');
23        //println(Serial.list());
24    }
25    void draw()
26    {
27        displayX();
28        displayY();
29        fill(0,15);
30        noStroke();
31        rect(0,0,width,height);
32        x = r * cos(a);
33        y = - r * sin(a);
34        fill(255);
35        stroke(0,200,0);
36        strokeWeight(3);
37        line(width/2,height/2,width/2 + x,height/2 + y);
38        if (distance != null)
39        {
40            //rawDistance = trim(rawDistance);
41            //distance = 8 * log(distance);
42            //println(distance);
43            //newDistance = distance;
44            //map(distance,0,10,0,100);
45            //distance = map(distance,0,200,0,250);
46            //println(newDistance);
47            text("DISTANCE:",30,50);
48            text(distance,100,50);
49            a = angle * 3.1416/180; //a + 0.0124;
50            if (distance < = 50)
51            {
52                stroke(255,0,0);
53                strokeWeight(10);
54                float locx,locy;
55                locx = 4 * distance * cos(a); //5 * (distance - 1) * cos(a);
56                locy = - 4 * distance * sin(a); // - 5 * (distance - 1) * sin(a);
57                point(width/2 + locx,height/2 + locy);
58            }
59        }
60    }
61    void displayX()                               //显示输出 X 函数
62    {
```

```
63        for ( int i = -250; i < 300; i += 50)
64        {
65            fill(255);
66            if (i <= 0)
67                text(i, i + 300, 300);
68            else
69                text(i, i + 285, 300);
70        }
71   }
72   void displayY()                                    //显示输出 Y 函数
73   {
74        for ( int i = 250; i >= -250; i -= 50)
75        {
76            if (i != 0)
77            {
78                fill(255);
79                text(i, 300, 300 - i);
80            }
81        }
82   }
83   //read 时触发的事件函数
84   void serialEvent(Serial myPort)
85   {
86        //rawDistance = myPort.readString();
87        //myPort.clear();
88        inString = myPort.readString();
89        try
90        {
91            //解析数据
92            String[] dataStrings = split(inString, '#');
93            for (int i = 0; i < dataStrings.length; i++)
94            {
95                String type = dataStrings[i].substring(0,4);
96                String dataval = dataStrings[i].substring(4);
97                if (type.equals("DIS:"))
98                {
99                    distance = float(dataval);
100                   println(distance);
101               }
102               else if (type.equals("ANG:"))
103               {
104                   angle = float(dataval);
105                   println(angle);
106               }
107           }
108       }
```

```
109     catch (Exception e)
110     {
111         println("Caught Exception");
112     }
113 }
```

为方便调试程序,程序中用了许多测试语句,如 92 行、93 行等,调试完成后用//注释掉。

图 15-8 为所设计的 PPI 显示界面。扫描线上圆点的位置是物体的位置,当物体离雷达变近时,雷达显示圆点的半径减小了。

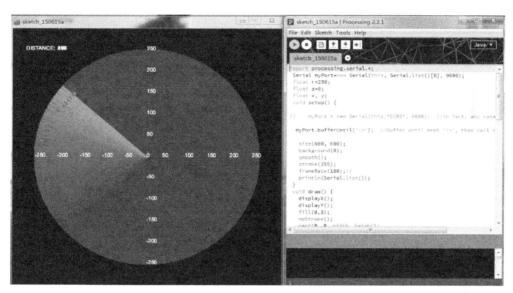

图 15-8　实验结果

15.1.3　nRF905 射频数据传输实验设计

可以用两台实训平台实现无线跳频数据传输,下面给出了一个设计实例。

1. 无线跳频传输模块 nRF905 介绍

nRF905 单片无线收发器是挪威 Nordic 公司推出的单片射频发射器芯片,工作电压为 $1.9 \sim 3.6\text{V}$,32 引脚 QFN 封装($5\text{mm} \times 5\text{mm}$),工作于 433MHz/868MHz/915MHz 3 个 ISM 频段;具有 512 个通信频道,满足多点通信、分组、跳频等应用需求,通道切换时间$\leqslant$ $6\mu\text{s}$,发射功率可设置为 10dBm、6dBm、-2dBm 和-10dBm,nRF905 的实际空中数据速率为 100kb/s,曼彻斯特编码后为 50kb/s。采用$\pm50\text{kHz}$ 频偏 GFSK 调制。原理见图 15-9。

nRF905 采用 Nordic 公司的 VLSI ShockBurst 技术。ShockBurst 技术使 nRF905 能够提供高速的数据传输,而不需要昂贵的高速 MCU 来进行数据处理/时钟覆盖。通过将与 RF 协议有关的高速信号处理放到芯片内,nRF905 提供给应用的微控制器一个 SPI 接口,通过 SPI 接口与单片机连接,速率由微控制器自己设定的接口速度决定。

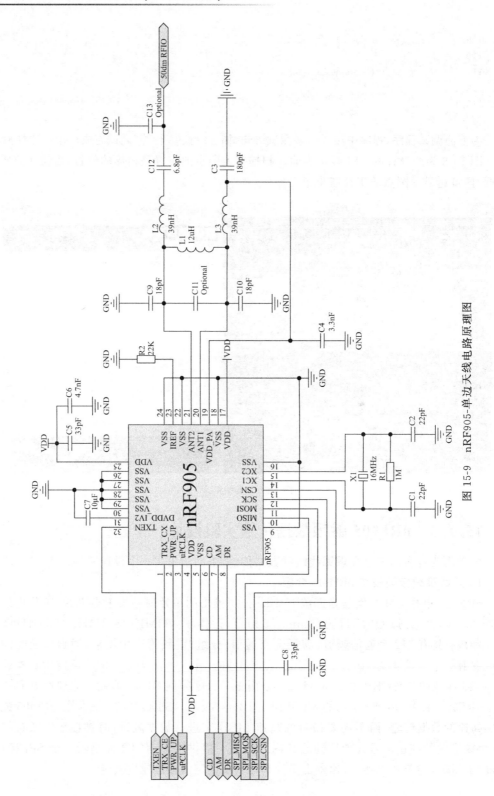

图 15-9 nRF905-单边天线电路原理图

（1）ShockBurst TX 模式。

在 ShockBurst TX 模式中，nRF905 自动产生前导码和 CRC 校验码，数据准备就绪 DR 信号通知 MCU 数据传输已经完成。发送流程见图 15-10。

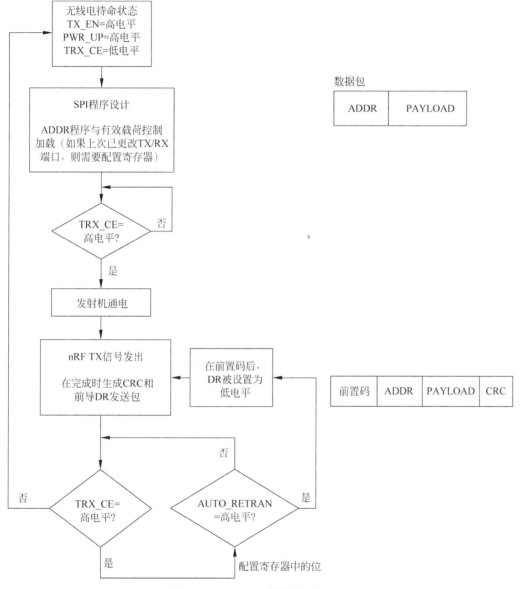

图 15-10　nRF905-数据发送流程图

① 当应用 MCU 有遥控数据节点时，接收节点的地址 TX-address 和有效数据 TX-payload 通过 SPI 接口传送给 nRF905 应用协议或 MCU 设置接口速度；

② MCU 设置 TRX_CE、TX_EN 为高，以激活 nRF905 ShockBurst 传输；

③ nRF905 ShockBurst：

* 无线系统自动上电；
* 数据包完成(加前导码和 CRC 校验码)；
* 数据包发送(100kb/s、GFSK、λ 曼彻斯特编码)；

④ 如果 AUTO_RETRAN 被设置为高，nRF905 将连续地发送数据包直到 TRX_CE 被设置为低；

⑤ 当 TRX_CE 被设置为低时，nRF905 结束数据传输并自动进入 standby 模式。

（2）ShockBurst RX 模式。

在 ShockBurst RX 模式中，地址匹配 AM 和数据准备就绪信号 DR 通知 MCU 一个有效的地址和数据包已经各自接收完成。接收流程见图 15-11。

① 通过设置 TRX_CE 高，TX_EN 低来选择 ShockBurst 模式；

② 650μs 以后，nRF905 监测空中的信息；

③ 当 nRF905 发现和接收频率相同的载波时，载波检测 CD 被置高；

④ 当 nRF905 接收到有效的地址时，地址匹配 AM 被置高；

⑤ 当 nRF905 接收到有效的数据包(CRC 校验正确)时，nRF905 去掉前导码、地址和 CRC 位，数据准备就绪(DR)被置高；

⑥ MCU 设置 TRX_CE 低，进入 standby 模式低电流模式；

⑦ MCU 可以以合适的速率通过 SPI 接口读出有效数据；

⑧ 当所有的有效数据被读出后，nRF905 将 AM 和 DR 置低；

⑨ nRF905 将准备进入 ShockBurst RX、ShockBurst TX 或 Powerdown 模式。

（3）器件配置。

nRF905 的所有配置都通过 SPI 接口进行。SPI 接口由 5 个寄存器组成，一条 SPI 指令用来决定进行什么操作。SPI 接口只有在掉电模式和 standby 模式下是激活的。

状态寄存器(Status Register)：包含数据就绪 DR 和地址匹配 AM 状态。

RF 配置寄存器(RF Configuration Register)：包含收发器的频率、输出功率等配置信息。

发送地址(TX-Address)：包含目标器件地址，字节长度由配置寄存器设置。

发送有效数据(TX-Payload)：包含发送的有效 ShockBurst 数据包数据，字节长度由配置寄存器设置。

接收有效数据(RX-Payload)：包含接收到的有效 ShockBurst 数据包数据，字节长度由配置寄存器设置。在寄存器中的有效数据由数据就绪 DR 指示。

2. 用 Arduino 开发 nRF905

（1）Arduino nRF905 库。

可以看出，nRF905 的操作很复杂，为方便使用 nRF905，Zak Kemble 开源了 Arduino nRF905 库，这个库提供了很大的灵活性，可选择使用中断，可以访问状态寄存器，并支持基本的碰撞避免功能。

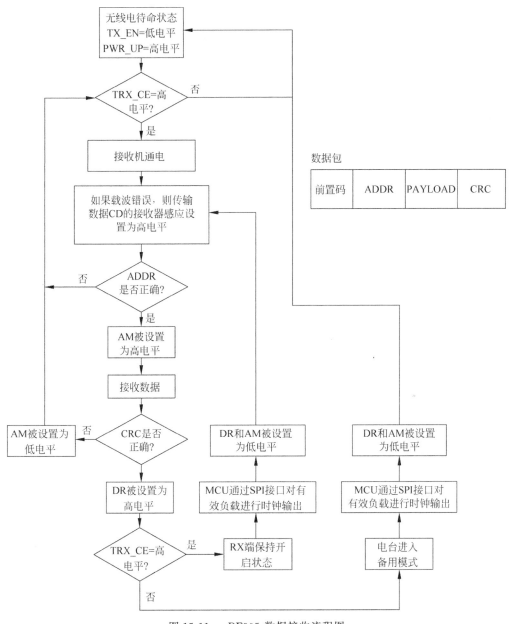

图 15-11　nRF905-数据接收流程图

用户可调用 nRF905_receive()、nRF905_sendData()来接收数据和发送数据。调用 nRF905_set**_*()设置 nRF905,这时 nRF905 必须为 standby 模式。

(2) nRF905 与 Arduino UNO 的连接如表 15-1 所示。

表 15-1　nRF905 模块引脚与 Arduino UNO 连接

nRF905 引脚	Arduino 引脚	引 脚 功 能
VCC	3.3V	电源 Power(3.3~3.6V)DC
CE	7	使能芯片发射或接收 Stand by-High＝TX/RX mode,Low＝stand by
TXE	9	工作模式选择 Transmit or receive mode-High＝transmit,Low＝receive
PWR	8	芯片上电 Power up-High＝on,Low＝off
CD	2	载波检测
AM	—	地址匹配
DR	3	接收或发射数据完成 Data Ready
SO	12	SPI 输出 SPI MISO
SI	11	SPI 输入 SPI MOSI
SCK	13	SPI 时钟 SPI SCK
CSN	10	SPI 使能 SPI SS
GND	GND	接地 Ground

(3) 无线跳频数据传输实例。

将程序 15-4 和程序 15-5 分别下载到两个实训平台中,下面为两个实训平台使用 nRF905 进行无线跳频数据通信的实例(在 Zak Kemble 开源库基础上完成)。

```
1   /***********************************************
2    * 程序 15-4: ping_client 示例
3    * Author: Zak Kemble, contact@zakkemble.co.uk
4    * 7 -> CE
5    * 8 -> PWR
6    * 9 -> TXE
7    * 2 -> CD
8    * 3 -> DR
9    * 10 -> CSN
10   * 12 -> SO
11   * 11 -> SI
12   * 13 -> SCK
13   ***********************************************/
14   #include <nRF905.h>
15   #include <SPI.h>
16   // 设备地址(4 bytes)
17   #define RXADDR {0xFE,0x4C,0xA6,0xE5}
18   // 要发送的地址(4 bytes)
19   #define TXADDR {0x58,0x6F,0x2E,0x10}
20   // ping 超时设定为 1 秒
21   #define TIMEOUT 1000
22   void setup()
23   {
24       // 启动
```

```
25      nRF905_init();
26      // 设定地址
27      byte addr[ ] = RXADDR;
28      nRF905_setRXAddress(addr);
29      // 接收模式
30      nRF905_receive();
31      Serial.begin(9600);
32      Serial.println(F("Client started"));
33  }
34  void loop()
35  {
36      static byte counter;
37      // 制作数据
38      char data[NRF905_MAX_PAYLOAD] = {0};
39      sprintf(data,"test % hhu",counter);
40      counter++;
41      unsigned long startTime = millis();
42      // 设置要发送的设备地址
43      byte addr[ ] = TXADDR;
44      nRF905_setTXAddress(addr);
45      // 设置载荷数据
46      nRF905_setData(data,sizeof(data));
47      // 发送载荷数据
48      while(!nRF905_send());
49      // 进入接收模式
50      nRF905_receive();
51      // 建立应答缓冲区
52      byte buffer[NRF905_MAX_PAYLOAD];
53      bool success;
54      // 等待超时应答
55      unsigned long sendStartTime = millis();
56      while(1)
57      {
58          success = nRF905_getData(buffer,sizeof(buffer));
59          if(success)      // Got data
60              break;
61          // Timeout 超时
62          if(millis() - sendStartTime > TIMEOUT)
63              break;
64      }
65      if(success)
66      {
67          unsigned int totalTime = millis() - startTime;
68          Serial.print(F("Ping time: "));
69          Serial.print(totalTime);
70          Serial.println(F("ms"));
```

```
71          // 打印轮询的内容
72          Serial.print(F("Data from server: "));
73          Serial.write(buffer, sizeof(buffer));
74          Serial.println();
75      }
76      else
77          Serial.println(F("Ping timed out"));
78      delay(1000);
79  }
```

```
1   /***********************************************************
2   * 程序 15-5: ping_server 示例
3   ***********************************************************/
4   #include <nRF905.h>
5   #include <SPI.h>
6   // 接收设备地址
7   #define RXADDR {0x58,0x6F,0x2E,0x10}
8   // 发送设备地址
9   #define TXADDR {0xFE,0x4C,0xA6,0xE5}
10  void setup()
11  {
12      // 启动
13      nRF905_init();
14      // 设置设备地址
15      byte addr[ ] = RXADDR;
16      nRF905_setRXAddress(addr);
17      // 进入接收模式
18      nRF905_receive();
19      Serial.begin(9600);
20      Serial.println(F("Server started"));
21  }
22  void loop()
23  {
24      Serial.println(F("Waiting for ping..."));
25      // 建立数据缓冲区
26      byte buffer[NRF905_MAX_PAYLOAD];
27      // 等待数据
28      while(!nRF905_getData(buffer,sizeof(buffer)));
29      Serial.println(F("Got ping"));
30      // 设置发送地址
31      byte addr[ ] = TXADDR;
32      nRF905_setTXAddress(addr);
33      // 设置有效载荷数据(用接收到的数据回复)
34      nRF905_setData(buffer,sizeof(buffer));
35      Serial.println(F("Sending reply..."));
36      // 发送有效载荷数据
37      // 发送失败!继续尝试,直到成功
```

```
38      while(!nRF905_send());
39      // 返回接收模式
40      nRF905_receive();
41      Serial.println(F("Reply sent"));
42      // 打印轮询连接号
43      Serial.print(F("Data: "));
44      Serial.write(buffer,sizeof(buffer));
45      Serial.println();
46  }
```

15.2　工业产品快速样品开发

本项目为超声水下距离精密测量设计一个实验样机。

井径测量是石油勘探时测量井眼直径及检查套管内径变化的测井方法,用于指示井眼的扩大和缩小,以帮助划分岩性及对某些测井方法进行井眼校正。在套管井中应用时,用来检查套管内径,确定套管损坏情况。

超声井径测量单元采用超声时差测量方法测量井径。该单元主要技术指标为:

测量距离——20～85mm(探头到井壁距离,与钻井液密度相关);

井眼范围——205～330mm(与钻铤直径有关);

测量准确度——±2mm(室温均匀盐水溶液环境);

主控板 UART——TX、RX、DGND,波特率≥115 200b/s;

探头激励电压——150V@7.3V,400V@±7.3V;

探头工作频率——350～500kHz;

测量间隔——dT 为 0.5～256s,可配置。

采用 Arduino 的开源资源,可以快速开发出实现上述技术指标的工业产品样品。

15.2.1　总体方案与硬件设计

本测量单元采用专用超声探头测试固定距离(30mm)时的传输时间,测出当前钻井液中超声的传输速度,以此速度为基准测量井径。

以德国 ACAM 公司的 TDC-GP22 专用计时芯片为核心对时差进行精密测量,采用汽车级(长时间耐温 150℃)ATmega168-AD 单片机芯片设计成专用的 Arduino 单片机系统,单片机通过 SPI 总线设置 TDC-GP22 计时芯片并读取测量数据,上位机通过 UART 与单片机系统通信。

1. 高精度时差测量芯片 TDC-GP22

TDC-GP22 是德国 ACAM 公司生产的一款使用高速 CMOS 数字电路结构的计时芯片,是 GP21 的升级产品,TDC-GP22 芯片最主要的提升就是内部集成了一个第一波识别模式。TDC-GP22 有两种测量模式,模式 2 的测量范围更适合用于测量进程。其测量范围为

$500ns\sim4ms$,单通道典型分辨率为 $90ps$,四精度(双传感器)模式最高分辨率可达 $22ps$。

TDC-GP22 是目前具有高集成度、高精度且运行可靠的一款计时芯片,相比于通常采用的 A/D 转换测量方案,采用 TDC-GP22 进行测量有很多优势:

(1) 时差测量精确,且有晶振精度补偿技术。在测量范围 1 时,时差分辨精度为 $90ps$,最大时差 $2.0\mu s$,每秒 500 000 次测量。在测量范围 2 时,最大时差为 $4ms@4MHz$。

(2) 极低的电流消耗。

进行一次持续 30s 的时间测量,平均电流消耗不足 $0.08\mu A$,低于其他测量方法的功耗的 1/50;进行一次完整的时间测量(包括计算),其工作电流不足 $2.5\mu A$。

2. 电路图

图 15-12 为超声井径测量单元电路图,该单元电路全部采用耐高温器件。由于采用专用芯片 TDC-GP22 进行精密时差测量,所以避免了采用通用单片机进行测量时需要的高速 A/D 转换、信号滤波、噪声消除、电平漂移等处理,本系统选用汽车级单片机 ATmega168-AD 即可满足处理速度要求,而且抗恶劣环境能力强,供货充足。晶振采用汽车耐高温晶振,货源广泛,性价比高。发射部分采用大电流 MOSFEI 驱动器+高导磁低失真脉冲变压器升压方式产生多脉冲超声驱动电压,接收部分根据需要可以选配 TGC 宽带放大器。

本设计中,TDC-GP22 通过 SPI 总线与 Arduino 单片机相连接,Arduino 向 TDC-GP22 发送指令,再由 TDC-GP22 向超声波传感器发送脉冲,回程相同,Arduino 从 TDC 中读取数据。其中主要连接引脚为:pin 8——中断引脚;pin 9——串行接口从机选择;pin 10——串行接口时钟;pin 11——串行接口数据输入;pin 12——串行接口数据输出。

相较于 Arduino 的计数器,TDC-GP22 测量时间差/频差的精度更高。用一个 32.768kHz 的晶振作为基本时钟单元,并由此发出 start 或 stop 脉冲。

TDC-GP22 是基于 CMOS 设计的、根据内部逻辑门的延迟来进行时间间隔测量的一款计时芯片,其内部具有两种测量范围,本实验采用的是测量范围 2。在测量范围 2 中,只有一个 stop 通道对应 start 通道,并且具有 3 次采样能力,可以自动进行计算并自动校准。每个单独的 stop 信号都有一个精度为 10ns 的可调窗口,可提供准确的 stop 使能。其测量原理如图 15-13 所示。

由图 15-13 可知,TDC 高速单元只是测量 start/stop 信号到相邻的第一个基准时钟上升沿间的时间间隔,而非整个时间间隔。并且 TDC 会记录下两次测量所经历的基准时钟周期数,即 coarse count(该部分为粗值计数)。在测量范围 2,将寄存器 3 的第 31 位 EN_AUTOCALC_MB2 置为 1,TDC 会自动计算所有开启时获得的脉冲的开始/结束时刻值,并将这些结果写入寄存器 4 中。

3. PCB 设计

相关图示见图 15-14～图 15-18。

4. ATmega168-AD 芯片 BootLoader 的烧写

BootLoader 是运行在芯片上的一个小程序,每次芯片通电时,它快速检查 IDE 是否试图上传代码到电路板上。如果是,则引导程序接管,并用通过串口上载到在芯片上的新代码

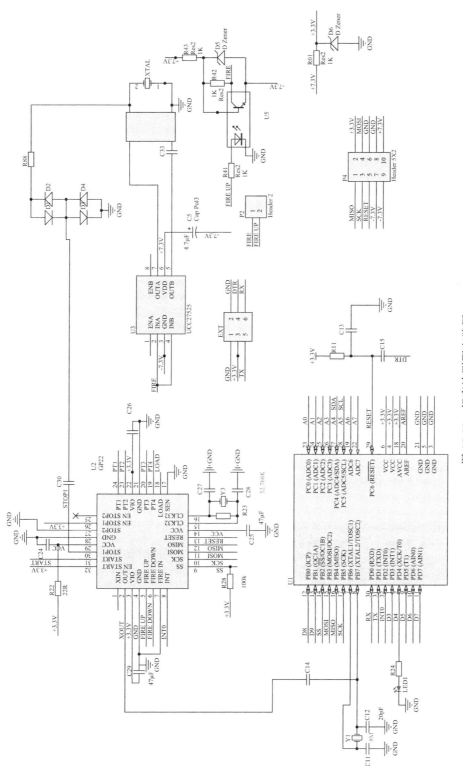

图 15-12　超声波测距电路图

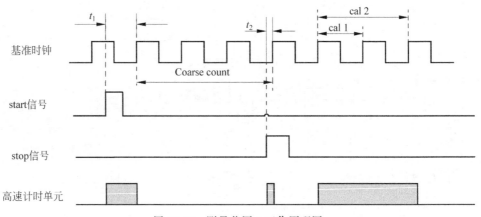

图 15-13　测量范围 2 工作原理图

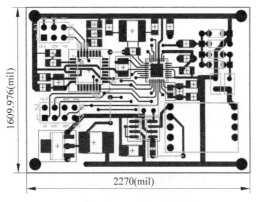

图 15-14　PCB 顶部

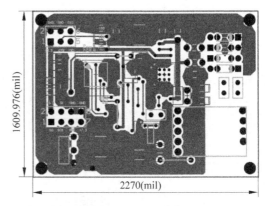

图 15-15　PCB 底部

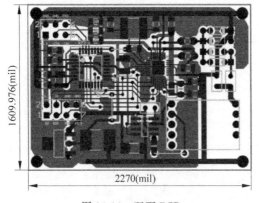

图 15-16　双面 PCB

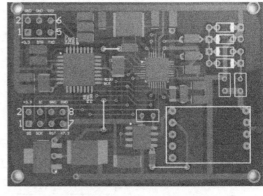

图 15-17　PCB 3D 效果图

来替换原有代码；如果 BootLoader 没有检测到
上传请求，则把控制权交给已经在板上的代码。
单片机就开始运行程序存储器中的程序了。

　　若在使用 Arduino 编译环境下载程序，则
在上电时或启动下载时，会自动让单片机复位，
启动 BootLoader 程序引导串口发过来的程序
顺利写入 Flash 区中，Flash 可以重复烧写，因
此可以方便地更新软件。

　　Arduino UNO 等控制板内带 BootLoader
程序，是系统上电后运行的第一段代码，就好比
PC 的 BIOS 中的程序，使用这个程序就可以直
接把从串口发来的程序存放到 Flash 区中。

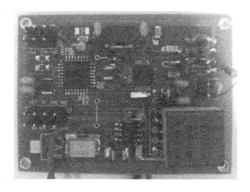

图 15-18　实物图

　　但是这里选用的汽车级芯片 ATmega168-AD 本身是没有 BootLoader 的，在烧录引导
装载程序之前，空板子还不是 Arduino，需要首先把 BootLoader 烧录到刚出厂的芯片中。

　　(1) Arduino 可使用 ISP 线上烧入器，将 BootLoader 烧入新的 Arduino 芯片。Arduino
支持 ISP 在线烧写，可以将新的 BootLoader 固件烧入 AVR 芯片。

　　(2) Arduino UNO R3 控制板也可以通过 Atmel 公司的 AVR STK500(或者 STK600)
入门套件及开发环境的 ISP(在系统编程)功能进行编程。

　　(3) BootLoader 烧录在 AVR 的程序存储器的特殊地方，可配置成在芯片上电或重启
时运行。Arduino 软件在编译 Arduino 程序时告诉编译器要跳过这个区域，否则
BootLoader 本身可能在上传程序的过程中就被新的程序覆盖。

15.2.2　软件设计

1. 主程序

本系统选用汽车级单片机 ATmega168-AD 并设计成专用 Arduino 系统，可在线修改、
调试、下载程序的 BootLoader。软件部分主要由主程序、GP22 库文件、TDCtalk 构成。

　　(1) TDCtalk。

　　主要功能是提供与 TDC-GP22 进行寄存器读写操作、UART 通信功能。

　　(2) GP22 库。

　　该库由麻省理工学院 Leo Koppel 和 John Bechhoefer 开源分享。

　　主要功能是为 TDC-GP22 提供底层操作功能。

　　(3) 主程序。

　　主程序流程如图 15-19 所示。

　　在开始测量之前，需要对寄存器进行配置来选择测量模式 2，即设置 register 0 的第 11
位，令 MRange2 = 1。在测量开始之前，需要对 TDC 进行初始化设置，然后开启 Fire_in 引
脚，连续发出 6 个激励脉冲，并开始进行时间测量。在经过 3 次有效测量之后，读取测量结

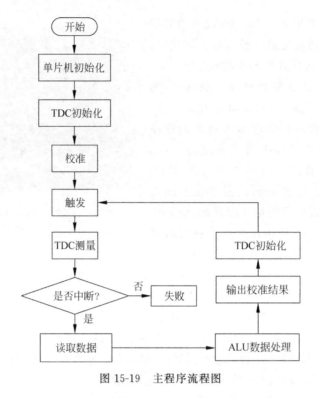

图 15-19 主程序流程图

果,完成对超声波沿该路径传播时的测量。时差测量流程见图 15-20。

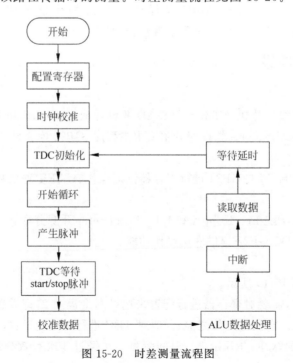

图 15-20 时差测量流程图

2. TDC GP22 寄存器配置

GP22 的寄存器配置如表 15-2 所示。

表 15-2　寄存器配置

寄存器	参　数	说　明
0	0x65142800	ANZ_FIRE(31:28)＝8 时,发送 6 个脉冲 DIV_FIRE＝5 或 10 分频 4MHz/10＝400kHz ANZ_PER_CALRES 陶瓷晶振,校准用 DIV_CLKHS＝12 分频 CFG0_START_CLKHS_START_0(18:19)＝01 晶振持续开启 bit17～14 温度测量 CFG0_CALIBRATE(bit13＝1)ALU 校准开启 NO_CAL_AUTO bit12＝0 测量后自动校准 CFG0_MESSB2 bit11＝1 测量范围 2 STOP1 STOP2 START 都是上升沿 bit8～10＝0
1	0x21444f00	HIT2＝2 HIT1＝1;在测量范围 2 计算第一次 STOP-START EN_FAST_Init＝0,关闭 HITIN2＝0 HITIN1＝4,测量 3 个 STOP 脉冲 在测量范围 2 中,START 也算是一个脉冲,总共为 4 个脉冲 CURR32k＝0 应用默认 SEL_START_FIRE＝1,应用芯片内部连接由 fire 脉冲直接驱动 TDC startSEL_TSTO2＝0,EN_START 开启 SEL_TSTO1＝0,FIRE_IN 引脚作为 fire in ID1＝h00
2	0xa0070000	经计算为 28μs,对应 21.84mm EN_INT＝b0101,中断通过 time_out,ALU ready 或者 E^{2}PROM 动作结束给出 RFEDGE1＝RFEDGE2＝0,仅应用于上升沿 DELVAL1＝8960,第一个波的接收时间是在 70μs 之后 ID2＝h00
3	0xd0510300	EN_AUTOCALC＝1,自动计算所有 3 个脉冲 3 hits EN_FIRST_WAVE＝1,开启第一波检测机制 EN_ERR_VAL＝0,预留充足的时间可以读取状态寄存器 SEL_TIMO_MB2＝2,若在 start 脉冲后 1024μs 未收到信号,则溢出 DELREL1＝3,DELREL2＝4,DELREL3＝5,在收到第一波之后测量第 3、第 4 和第 5 个 stop 脉冲 ID3＝h0

寄存器	参　数	说　明
4	0x20004a00	DIS_PW＝0,脉冲宽度测量被开启 EDGE_PW＝0,在上升沿测量脉冲宽度 OFFSRNG2＝0,不设置负值的 offset OFFSRNG1＝1,OFFS＝10,总 offset 值为 20mV＋10mV＝30mV ID4＝h00
5	0x80000000	CON_FIRE＝2,关闭 FIRE_UP,FIRE_DOWN＝开启。如果应用了 Start_TOF_Restart 操作码,那么 FIRE_UP 和 FIRE_DOWN 将会被交替用于上游和下游的测量。在这里所描述的寄存器设置开启了一次下游测量循环(FIRE_DOWN＝开启) EN_STARTNOISE＝0,关闭 DIS_PHASESHIFT＝0,噪声单元开启来更好地降低系统误差 REPEAT_FIRE＝0,无须声环法 PHASE_FIRE＝0,在发射脉冲当中没有改变其相位 ID5＝h00 down up 同时发送反相脉冲
6	0xc0c06000	EN_ANALOG＝1,应用内部模拟比较器电路 NEG_STOP_TEMP＝1,应用内部施密特触发器作为温度测量 DA_KORR＝0,在寄存器 4 中设置比较器 offset TW2＝3 给出 300μs 延迟来给高通电容进行充电 EN_INT＝b1101,中断由 time_out、ALU ready 或者 E^{2}PROM 动作结束触发 START_CLKHS＝2,陶瓷振荡器的启振等待时间为 480μs(参见寄存器 0) CYCLE_TEMP＝0,在两个测量之间的延迟应用系数 1.0 CYCLE_TOF＝0,在两个超声波时差测量之间应用延时系数 1.0 HZ60＝0,50Hz 为基础,每 20ms 测量一次 FIREO_DEF＝1,当应用内部模拟电路时必须开启 QUAD_RES＝1,应用 23ps 精度 DOUBLE_RES＝0 TEMP_PORTDIR＝0,标准的温度测量顺序 ANZ_FIRE＝10(同时参见寄存器 0) ID6＝h00

3. 样机测试用程序

为了让读者能深刻地理解开发过程,该测试程序中保留了许多测试语句和注释。测试主程序清单如下:

```
1  /************************************************************
2  程序 15-6: 使用 millis 来测量开关被按下多长时间
3  ************************************************************/
```

```
4      # include "TDCtalk. h"
5      # include "GP22. h"
6      # include < SPI. h >
7      # include < avr/io. h >
8      / * 1 将反射板设定标准距离为 30mm
9       * 2 在串口监视器中写入"t"
10      * 3 这时就测定了标准距离下的声速,以此为基准就可以测量任意水温、任意盐水浓度的距离
11      * Configure TDC for time - correlated single photon counting,
12      * and send time measurements and calibration back to the PC
13      * using a custom serial protocol.
14      * 第一波后第 3、4、5 个 STOP,STOP 间相差 6,乘以水中速度 1482, - 发射面距表面间距 7mm,
        * 精确度 1mm 内
15      *       10 - > SS
16      *       11 - > MOSI
17      *       12 - > MISO
18      *       13 - > SCK
19      *       2   - > INT
20      *       5V - > VCC
21      *       GND - > GND
22      * /
23     const bool DEBUG = 1;
24     const int FAST_MODE = 1;
25     const int PIN_INT = 2;
26     GP22 tdc(PIN_INT,DEBUG);
27     float Tref_ns;
28     float cycleFactor_ns = 1 << - 2;
29     float v ;                        //测试 30mm 标准速度
30     float TOF_30mm ;
31     ECommStatus ardStatus = E_OK;
32     volatile uint16_t measbuf[MEAS_BUF_LEN];
33     volatile uint16_t meas_index = 0;
34     void setup()
35     {
36         pinMode(4,OUTPUT);
37         pinMode(6,OUTPUT);          //收发开关使用
38         pinMode(7,OUTPUT);          // + DAMP
39         pinMode(8,OUTPUT);          // - DAMP
40         Serial.begin(DEBUG ? 115200 : 1000000);
41         tdc.init();
42         if (DEBUG)
43         {
44             Serial.println(F("Starting up"));
45         }
46         tdc.sendOpcode(OPCODE_INIT);
47         // Test SPI read/write to the TDC 测试 SPI
48         bool res = tdc.testCommunication();
```

```
49      if (!res)
50      {
51          if (DEBUG)
52          {
53              Serial.println(F("Read/write test failed!"));
54          }
55          ardStatus =   E_FAILED_SPI;
56      }
57      else
58      {
59          if (DEBUG)
60          {
61              Serial.println(F("Read/write test succeeded."));
62          }
63      }
64      if (ardStatus == E_OK)
65      {
66          tdc.writeRegister(0,0x65142800);
67          /* CFG0_ANZ_FIRE(31:28) = 8 时, 发送 6 个脉冲
68          DIV_FIRE = 5 或 10 分频 4MHz/10 = 400kHz
69          ANZ_PER_CALRES 陶瓷晶振校准用
70          DIV_CLKHS = 12 分频
71          CFG0_START_CLKHS_START_0 (18:19) = 01 晶振持续开启
72          bit17 - 14 温度测量
73          CFG0_CALIBRATE (bit13 = 1) ALU 校准开启
74          NO_CAL_AUTO bit12 = 0 测量后自动校准
75          CFG0_MESSB2 bit11 = 1 测量范围 2
76          STOP1 STOP2 START 都是上升沿 bit8 - 10 = 0
77          */
78          tdc.writeRegister(1,0x21444f00);               //20180515 en start
79          //tdc.writeRegister(2, 0xa0230000);
80          // tdc.writeRegister(2, 0xa0118000); 20180331old
81          //经计算为 28μs, 对应 21.84mm, 所以 20180425
82          tdc.writeRegister(2,0xa0070000);
83          //tdc.writeRegister(2,0xa088000);
84          DIS_PW = 0;                                    //脉冲宽度测量被开启
85          EDGE_PW = 0;                                   //在上升沿测量脉冲宽度
86          OFFSRNG2 = 0;                                  //不设置负值的 offset
87          //总 offset 值为 30mV
88          OFFSRNG1 = 1, OFFS = 10;
89          ID4 = h00;
90          tdc.writeRegister(6,0xc0c06000);
91      }
92      if (ardStatus == E_OK)
93      {
94          if (DEBUG)
```

```
95              {
96                  tdc.printConfigRegisters();
97                  Serial.println(F("Calibrating..."));
98              }
99              ardStatus = ardStatusFromCalibration();
100             if(ardStatus == E_OK)
101             {
102                 cycleFactor_ns = tdc.getCycleTime_ns();
103                 if (DEBUG)
104                 {
105                     Serial.print(F("1 cycle = "));
106                     Serial.print(cycleFactor_ns, 4);
107                     Serial.println(F(" ns"));
108                 }
109             }
110         }
111     attachInterrupt(0,getMeasurement,RISING);
112     Serial.println(F("Attaching our readMeasurement Interrupt 00000."));
113     //设置由脉冲发生器引脚引发中断,进行收发隔离
114     attachInterrupt(1,TRswitch,FALLING);
115 }
116 void loop()
117 {
118     tdc.sendOpcode(OPCODE_INIT);            //INIT 每次都需要重置
119     tdc.sendOpcode(OPCODE_START_TOF);
120     char val = Serial.read();
121     if(val == 't')
122     {
123         Serial.println(" Hello Arduino ");
124         tdc.sendOpcode(0xB0);
125         float tmpResult = tdc.readResult(0);
126         Serial.println(tmpResult);
127         tdc.sendOpcode(0xB1);
128         float tmpResult1 = tdc.readResult(1);
129         Serial.println(tmpResult1);
130         tdc.sendOpcode(0xB2);
131         float tmpResult2 = tdc.readResult(2);
132         Serial.println(tmpResult2);
133         tdc.sendOpcode(0xB3);
134         float tmpResult3 = tdc.readResult(3);
136         Serial.println(tmpResult3);
136         //计算第一波到达时间
137         TOF_30mm = tmpResult - 3 * (tmpResult1 - tmpResult);
138         v = 37 * 4 / TOF_30mm;
139         Serial.println(v);
140     }
```

```
141    digitalWrite(4,HIGH);
142    delay(200);
143    digitalWrite(4,LOW);
144    delay(200);
145  }
146  void getMeasurement()
147  {
148      Serial.println(F("Now step into interrupting function."));
149      //tdc.printOutputRegisters();
150      tdc.sendOpcode(0xB0);
151      float tmpResult = tdc.readResult(0);
152      Serial.println(tmpResult);
153      tdc.sendOpcode(0xB1);
154      float tmpResult1 = tdc.readResult(1);
155      Serial.println(tmpResult1);
156      tdc.sendOpcode(0xB2);
157      float tmpResult2 = tdc.readResult(2);
158      Serial.println(tmpResult2);
159      tdc.sendOpcode(0xB3);
160      float tmpResult3 = tdc.readResult(3);
161      Serial.println(tmpResult3);
162      //计算第一波到达时间
163      float TOF = tmpResult - 3 * (tmpResult1 - tmpResult);
164      Serial.println(F("1.475mm/us@18C pure water"));
165      //18C 纯水中声速 1.476mm/us/4 = 0.3687
166      Serial.println(TOF * 0.3687 - 7);
167      Serial.println(F("1.4823mm/us@20C pure water"));
168      //20C 纯水中声速 1.4823mm/us/4 = 0.3705
169      Serial.println(TOF * 0.3705 - 7);
170      Serial.println(F("1.493.9mm/us@pure water 24C"));
171      //24C 纯水中声速 1.4939mm/us/4 = 0.3735
172      Serial.println(TOF * 0.3735 - 7);
173      Serial.println(F("1.675mm/us@Brine 20C"));
174      //20C NaCl 水中声速 1675mm/us/4 = 0.4187
175      Serial.println(TOF * 0.4187 - 7);
176      Serial.println(TOF_30mm);
177      Serial.println(F("v = "));
178      Serial.println(v);
179      Serial.println(TOF * v / 4 - 7);
180  }
181  void tdc_ISR()
182  {
183      if (meas_index > = MEAS_BUF_LEN)
184      {
185          tdc.sendOpcode(OPCODE_INIT);
186      }
```

```
187     else
188     {
189         // when calibrating during measurements ALU Pointer is set higher
190         const uint8_t A = tdc.getALUPointer();
191         const uint16_t res = tdc.readUncalibratedResult(A?A - 1:0);
192         measbuf[meas_index++] = res;
193     }
194 }
195 //通过串口调试器给 TDC 发命令
196 void respondToCommand(ECommand cmd)
197 {
198     switch (cmd)
199     {
200         case CMD_GET_ARDUINO_STATUS:
201         {
202             write_int8(ardStatus);
203             break;
204         }
205         case CMD_GET_CYCLE_TIME_NS:
206         {
207             write_float(tdc.getCycleTime_ns());
208             break;
209         }
210         case CMD_GET_UNCAL_RESULTS:
211         {
212             uint16_t N;
213             ATOMIC_BLOCK(ATOMIC_RESTORESTATE)
214             {
215                 N = meas_index;
216             }
217             write_uint16(N);
218             write_uint8(N >= MEAS_BUF_LEN ? \
219             E_ARDUINO_OVERFLOW : E_OK);
220             for (int i = 0; i < N; i++)
221             {
222                 write_uint16(measbuf[i]);
223             }
224             ATOMIC_BLOCK(ATOMIC_RESTORESTATE)
225             {
226                 meas_index = 0;
227             }
228             tdc.sendOpcode(OPCODE_INIT);
229             break;
230         }
231         case CMD_CALIBRATE:
232         {
```

```
233              const tdc_calibration_t * cal = tdc.calibration();
234              write_uint8(cal -> Tref_theor_ns);
235              write_uint8(cal -> clock_factor);
236              write_float(cal -> resonator_theor_cycles);
237              write_float(cal -> resonator_meas_cycles);
238              write_uint16(cal -> tdc_cal_cycles);
239              break;
240          }
241      }
242 }
243 ECommStatus ardStatusFromCalibration()
244 {
245      eCalibrationResult cal_res = tdc.updateCalibration();
246      if (cal_res != E_CAL_OK)
247      {
248          if (DEBUG)
249          {
250              Serial.println(F("Calibration failed."));
251          }
252          return (ECommStatus)cal_res;
253      }
254      return E_OK;
255 }
```

参 考 文 献

[1] Steven F. Barrett. Arduino 高级开发权威指南(原书第 2 版)[M].潘鑫磊,译.北京:机械工业出版
　　社,2014.

[2] Martin Evans,Joshua Noble,Jordan Hochenbaum. Arduinos 实战[M].况琪,译.北京:人民邮电出版
　　社,2014.

[3] Dale Wheat. Arduino 技术内幕[M].翁恺,译.北京:人民邮电出版社,2013.

[4] Rick Anderson,Dan Cervo.深入理解 Arduino:移植和高级开发[M].程晨,译.北京:机械工业出版
　　社,2016.

[5] Michael Margolis. Arduino 权威指南:第 2 版[M].杨昆云,译.北京:人民邮电出版社,2015.

[6] Alan Trevennor. AVR 单片机实战:Arduino 方法[M].程晨,译.北京:机械工业出版社,2014.

[7] MicroChip Corporation. ATmega48A/PA/88A/PA/168A/PA/328/P Data Sheet[EB/OL]. 2015.
　　https://ww1. microchip. com/downloads/en/DeviceDoc/Atmel-7810-Automotive-Microcontrollers-
　　ATmega328P_Datasheet. pdf.

图书资源支持

感谢您一直以来对清华大学出版社图书的支持和爱护。为了配合本书的使用，本书提供配套的资源，有需求的读者请扫描下方的"书圈"微信公众号二维码，在图书专区下载，也可以拨打电话或发送电子邮件咨询。

如果您在使用本书的过程中遇到了什么问题，或者有相关图书出版计划，也请您发邮件告诉我们，以便我们更好地为您服务。

我们的联系方式：

地　　址：北京市海淀区双清路学研大厦 A 座 714

邮　　编：100084

电　　话：010-83470236　　010-83470237

资源下载：http://www.tup.com.cn

客服邮箱：tupjsj@vip.163.com

QQ：2301891038（请写明您的单位和姓名）

用微信扫一扫右边的二维码,即可关注清华大学出版社公众号。

教学资源·教学样书·新书信息

人工智能科学与技术
人工智能|电子通信|自动控制

资料下载·样书申请

书圈